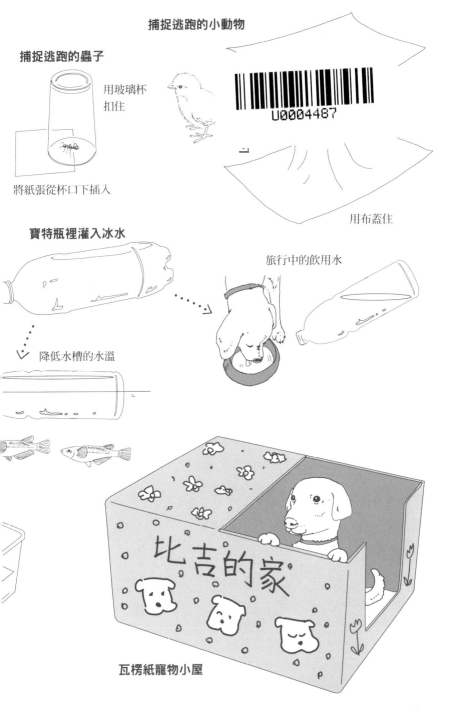

捕捉逃跑的小動物

捕捉逃跑的蟲子

用玻璃杯扣住

將紙張從杯口下插入

用布蓋住

U0004487

寶特瓶裡灌入冰水

旅行中的飲用水

降低水槽的水溫

瓦楞紙寵物小屋

比吉的家

飼育栽培圖鑑

成為好主人的

1000 個 技能

作者—有澤重雄

繪者—月本佳代美

飼育栽培図鑑—
はじめて育てる・自分で育てる

前言

目前市面上並沒有太多有關飼養與栽培的書籍，一般家庭都是照著自己的想法來培育動、植物。或許有人認為，就算培育方式不盡理想，但動、植物的適應力都很強，應該不會有太大的問題吧。對於正準備開始培育動、植物的讀者來說，或許認為培育方法正確與否並不重要，不如就憑藉著生物的適應力來嘗試挑戰飼養與栽培吧！

但是當我們在飼養與栽培上花了心血，當然希望動物能夠繁衍子代，植物能夠開花結果或長出可口的蔬菜。因此，在開始飼養與栽培之前，除了深入了解培育方法，對於動植物喜好何種環境、具有哪些性質，最好都要仔細查閱圖鑑，有一番基本的認知，而這也是日後晉升為飼養栽培達人的最佳途徑。

在此要特別說明的是，本書並未提供稀有外來種動物，以及最近人氣超強的北美土撥鼠、雪貂、馬來熊等的飼養方法，因為這些動物的飼育歷史尚淺、較難馴養，且脾性也不適合作為寵物。例如極受大眾喜愛的馬來熊，雖然有人將牠當作寵物飼養，但牠的野性會隨著成長漸漸顯露，使得飼主無法掌控，甚至有人因此將牠棄置山野。然而此舉會造成馬來熊快速繁殖，帶給在地動物很大的威脅。

筆者由衷建議，有意飼養動物或栽培植物的讀者，在開始前一定要想清楚，飼養與栽培不單只是為了從中獲得樂趣，更重要的是要給動、植物不離不棄的承諾，並且是要由自己肩負起責任，而非力不從心時推託給他人。

目錄

飼　育

栽　培

草花的培育

飼養與栽培等於掌握生命

飼養與栽培的意義，就是動物和植物的生命掌握在你的手中。

認識各種小動物和植物

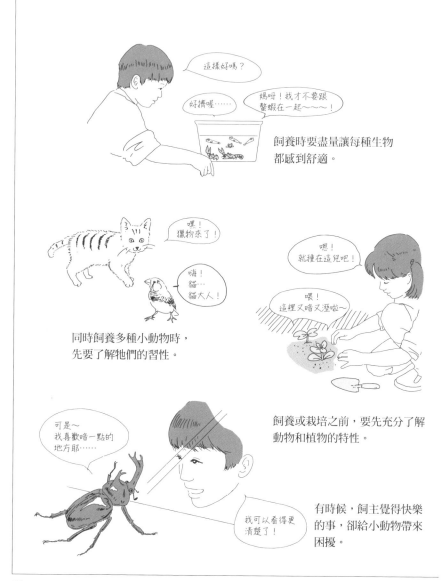

這樣好嗎？

好擠喔……

媽呀！我才不要跟鰲蝦在一起～～～！

飼養時要盡量讓每種生物都感到舒適。

嘿！獵物來了！

嗨！貓…貓大人！

同時飼養多種小動物時，先要了解牠們的習性。

嗯！就種在這兒吧！

喂！這裡又暗又溼啦～

飼養或栽培之前，要先充分了解動物和植物的特性。

可是～我喜歡略一點的地方耶……

我可以看得更清楚了！

有時候，飼主覺得快樂的事，卻給小動物帶來困擾。

照顧寵物和植物是全年無休的工作

喂！

嗯～我正要和朋友出去玩，今天不行喔～

帶我出去散步嘛！

啊？怎麼就這樣走了！

汪！帶我出去……

要知道，小動物們是不懂得配合你的。

今天是假日，再讓我多睡一下啦，昨晚打電動打到半夜……

喵！我肚子餓了啦！

喂！親愛的主人啊，幫我換一下水吧！飼料也沒有了呢……

照顧小動物是沒有週休二日或國定假日的。

啊！回來了，回來了！今天還沒有給我喝水耶，我快渴死了，都要軟掉了～～

唉喲！我好累喔，明天再說好嗎？一天應該沒關係吧！

有時候想著等一下再做，但卻太遲了。

11

細心照顧使動、植物充滿朝氣

只要好好照顧，牠們就會生氣蓬勃。

有些快樂只有照顧牠們的人可以體會。

飼養與栽培的樂趣

平日多關心，
就會產生感情。

自己飼養的小動
物生下小寶寶，
或是栽培的植物
結出果實，是最
令人開心的事。

13

你適合飼養小動物或栽培植物嗎？

回答1～5的測驗題，把分數相加，就可以知道自己是否已經準備好迎接飼養或栽培的生活了。

1 早上可以自己起床？

YES 2分　NO 0分

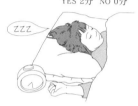

2 開始玩電動遊戲前，從來不看說明書？

YES 0分　NO 2分

3 喜歡的東西，馬上就想得到？

YES 0分　NO 2分

4 自己可以把抽屜整理得井井有條？

YES 2分　NO 0分

5 當倉鼠開始繁殖，就想把牠們放生？

YES 0分　NO 2分

10分滿分　一定會很細心地照顧小動物和栽培植物。

6～8分　想要飼養或栽培，還得多多加油！

0～4分　在決定飼養或栽培之前，要先誠實評估自己是否有能力。

飼 育

飼養小動物的基本認知

沒有飼主的照顧便無法順利存活

雖然動物離開棲息地仍具備生存能力，但是當我們把牠們養在家裡，等於是改變了牠們習慣的生活模式。這時，如果沒有飼主妥善的照顧，牠們是很難順利存活的。

要對動物充滿愛心

當飼主充滿愛心地對待小動物，牠們是會回報的。如果只是一開始覺得牠們可愛，之後很快就厭膩的人，是沒有資格飼養小動物的。

小時候好可愛，但是……

任何動物幼小的時候都非常可愛，千萬不要因此而衝動地帶回家飼養。要對牠們長大後是什麼模樣有概念，如果自認還會繼續愛牠再決定飼養。

維護小動物的健康是飼主的責任

小動物不會說話，因此主人更要每天細心地觀察牠們的狀況。如果有任何異狀，最好立刻帶到動物醫院看診。

教寵物懂得社會禮儀

如果自己飼養的寵物看到人就想攻擊，或是沒來由地亂叫，一定要好好教育牠。然而在教寵物具備社會性的同時，主人自身也要懂得善盡社會責任。

避免長時間不在家

小動物沒有飼主的照顧是很難存活的，因此最好要避免長時間不在家，而任由小動物自生自滅。譬如有寵物的家庭就不宜作長途旅行，這是飼養之前就該有的認知。

家人是否有過敏性體質？

家裡有沒有人會過敏？動物身上的毛、蝨子、跳蚤很容易引起過敏反應，家有過敏體質者最好不要飼養寵物。

了解動物的習性

如果飼養時隨隨便便、不用心，動物會很容易生病，而且性格也會變得很難搞。飼養之前要花點心思研讀有關動物的行為、食物、習性等的飼養書籍或圖鑑。

飼養書＆圖鑑

（動物的飼養方法）

有時動物並不如自己所想像的

動物小的時候，因為力氣還很小，比較好照顧，一旦長大後，變得身強力壯，有時野性發作還會咬主人、用爪子抓主人。所以飼主要知道，有時動物並非自己想像的那樣。

動物長大後飼養需要更花心力

有的大型犬甚至比人還高壯，力氣也非常大，帶出去散步確實很費神。此外，當牠們生病或衰老到不能動的時候，要抱起牠們真的很不容易。所以飼養前要有認知：動物長大後飼養起來是很辛苦的。

飼養寵物是需要花錢的

人生病時可以用健保，部分醫療費用由保險給付，但寵物生病時到動物醫院看診，所有的花費都需要飼主完全負擔。這一點在飼養前要想清楚。

避免得到傳染病

經常聽到有人會養一些外來種動物，甚至有的動物還可以在寵物店買到（參閱下頁）。事實上這些動物可能會將某些傳染病傳給人類，例如猴子的帶狀疱疹或結核病、狗科動物的狂犬病等等。所以還是不要飼養外來種的動物比較好。

要陪伴寵物到最後

有的人半途不想飼養了，會將寵物帶到河邊、湖邊或山野去丟棄。這些被棄養的動物繁殖後，會捕食原本棲息在該處的動物，造成很大的生態問題。飼養寵物千萬不可憑一時衝動，並且任何人都沒有權力不負責任地丟棄生命。飼養寵物時一定要有陪牠們到最後的心念。

哪些動物不宜飼養

不要飼養野生動物

飼養野生動物有可能觸犯「野生動物保護法」。不要看牠們可愛就任意帶回家，珍貴的野生動物是不適合養在家裡的。

紙箱　　　舊毛巾

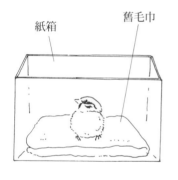

如何保護野生動物

如果有野生的雛鳥或其他剛出生的小動物受傷時，可以先設法幫牠們保暖，例如將牠們放入鋪有毛巾的紙箱裡，然後聯繫各縣市所屬的野生動物保護單位，負責人員會介紹適當的動物保護中心或動物醫院、動物園。動物醫院或動物園有責任為動物療傷，待復原後幫助牠們重返野生世界。

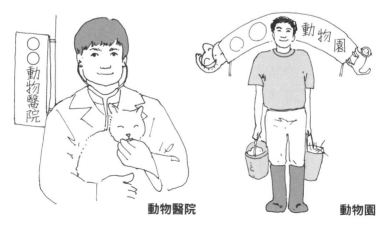

動物醫院　　　　　　　　　　**動物園**

不可飼養的
世界保育動物

不要飼養載入華盛頓公約中禁止獵捕、買賣、飼養的動物。不過該公約的精神在於管制而非完全禁止，它是用物種分級與許可證的方式，以達成野生動物市場的永續利用性。事實上公約中的某些動物還是可以繁殖，並且視種類可以在寵物店販賣。

盡量不要飼養
外來動物

有些寵物店會販賣外來種動物，由於這些特異動物的生活習性或飼養方式一般人並不熟知，也沒有參考資料，甚至生病時動物醫院也束手無策，所以盡量不要養外來種動物。

如何在公寓或大廈中飼養小動物

遵守住戶公約

有的大廈或公寓等集合住宅明文禁止飼養寵物，或是只准許在自家裡面飼養不會大聲叫的小鳥、小魚、倉鼠等等。飼養前一定要先了解相關規定，以免遭到鄰居抗議時，寵物會被迫接受處置。此外，即使住宅區沒有禁止條文，飼養寵物之前也不妨先向鄰居打個招呼，以免別人在沒有心理準備下受到驚嚇。

與左鄰右舍的互動

把寵物接回家以後，最好立刻告知鄰居自己家裡要開始飼養寵物了。當然，日後碰了面，也要很禮貌地關心對方是否受到自家動物的打擾。人就是這樣，只要事先打個招呼，情況不嚴重，多半都可以體諒。

注意寵物的叫聲

在集合住宅裡飼養寵物，常被抱怨的就是寵物的叫聲。如果家裡的貓狗喜歡隨意吠叫，做主人的要多多用心調教，以免干擾他人。

注意不要發出臭味

除了寵物的叫聲，最常被抱怨的是氣味的問題。家中飼養寵物的人，因為「久而不聞其臭」，已經習慣了，但對別人來說往往是難以忍受的。最重要的是吃剩的食物要立刻清理，勤於清掃寵物的排泄物。若有需要，可以噴除臭劑。

消除臭味的噴霧劑

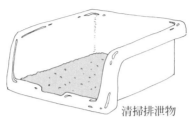

清掃排泄物

捲筒除塵紙

常常打掃室內環境

大部分哺乳類動物的毛都很多，特別是春、秋的脫毛時期，空氣中經常飄散著細小的毛。為了維護環境品質，要勤於使用吸塵器將屋內的毛屑吸乾淨，另外再用除塵捲筒將沙發上的毛黏除。總之，不要讓自家動物的毛飛散到外面去。

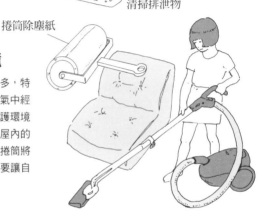

不要讓毛屑飛到外面

飼養寵物時不但要勤於將屋內打掃乾淨，也要維護屋外的環境品質，例如不要在陽台上用刷子幫寵物刷毛，以免毛屑四處飛散。

剛把寵物帶回家時

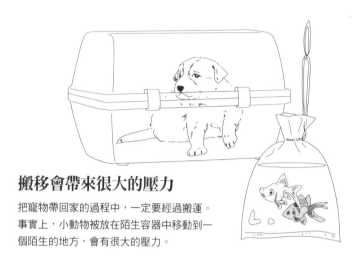

搬移會帶來很大的壓力

把寵物帶回家的過程中，一定要經過搬運。事實上，小動物被放在陌生容器中移動到一個陌生的地方，會有很大的壓力。

放入有牠自己
氣味的物品

小動物離開自己熟悉的地方會感到很不安，如果有牠以前用過的東西，最好一起放入飼養箱，以幫助牠情緒穩定。此外，也可以從牠使用過的砂盆取一小撮砂混入新砂盆，以使牠更快習慣新的排泄處所。

暫時任由
牠的喜好

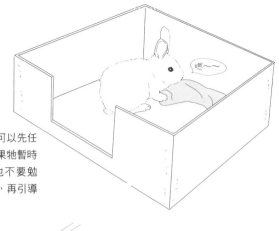

剛帶回家的小動物，可以先任
由牠自主地活動，如果牠暫時
不肯從飼養箱出來也不要勉
強。等到較為適應後，再引導
到飼養箱外面活動。

在小動物還沒有適應環境
以前，不要去觸碰牠或靠
近窺探牠。

將飼料和水準備好

小動物剛進入陌生環境，可能不吃也不
喝，這時不要強迫餵食。但還是要把水和
飼料準備好，放在牠的附近，牠餓了自然
會吃喝。

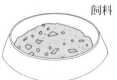

飼料

水

如何為寵物取名字

取名字的基本原則

寵物的名字可以由牠的毛色、來到家裡的日期、性格等等來取。其中需要考慮到的是，因為會常常帶牠出去散步，難免有需要大聲叫喚牠的時候，所以不要取粗俗、叫不出口的名字。動物就和人一樣，名字會跟隨一輩子，所以請用滿滿的愛意幫寵物取個名字吧！

是一隻剛出生的小雞，可以叫「小小」

毛是白色的，可以叫「小白」

臉圓圓的，可以叫「小丸子」

小黑

從毛色和花紋取名字

例如身上有花斑的可以叫「小花」，全身黑溜溜的可以叫「小黑」，如果只有足部的毛色較深，像穿著襪子一樣，不妨就叫牠「襪子」。總之，依寵物的外表特徵取名字是最容易的。

小花

襪子

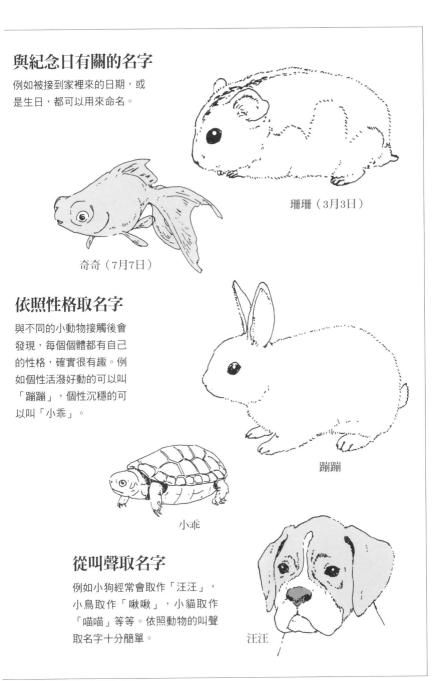

與紀念日有關的名字

例如被接到家裡來的日期，或是生日，都可以用來命名。

珊珊（3月3日）

奇奇（7月7日）

依照性格取名字

與不同的小動物接觸後會發現，每個個體都有自己的性格，確實很有趣。例如個性活潑好動的可以叫「蹦蹦」，個性沉穩的可以叫「小乖」。

蹦蹦

小乖

從叫聲取名字

例如小狗經常會取作「汪汪」，小鳥取作「啾啾」，小貓取作「喵喵」等等。依照動物的叫聲取名字十分簡單。

汪汪

如何讓不同的動物和平共處

狗和貓是不同的肉食性動物

有時家裡雖然已經養了寵物，但還會想要再養一隻。許多人擔心，不同種類的動物在一起是否會有麻煩。其實動物之間的包容力遠超過我們人類的想像，甚至還會變成好朋友。但是狗、貓畢竟是不同種的動物，還是要經過一段時間適應同居生活，彼此才能友善相處。

貓

狗

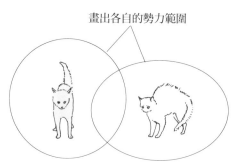

畫出各自的勢力範圍

為寵物畫定各自的勢力範圍

很多動物都喜歡擁有自己的勢力範圍。範圍並不一定要很大，如果一開始就限定在狹小的範圍裡，慢慢地牠們也會習慣。但最好不要一直把牠們關在籠子裡，以免因壓力而生病。尤其是同時養好幾隻寵物時，更要避免這種情形。

告訴牠什麼是不可以的

狗和貓都是好奇心很強的動物，本能上很喜歡靠近更幼小的動物一探究竟。當家裡又新養了剛出生的小動物，如果原來家裡的寵物想要逗弄，必須大聲喝斥制止。之後，再多次向牠展示新來的小動物，並反覆教牠不可靠近。

不可以！

讓彼此慢慢習慣

讓兩隻陌生的動物突然面對面，雙方都會很驚恐、甚至打起架來。最好是將新加入的成員先放在飼養箱裡，隔著箱子彼此先適應一下，等到熟悉了再打開箱子的門，讓新成員自動走出來，正式地接觸。

先暫時放在飼養箱裡

同時飼養雄性和雌性

如果同時養了同種動物的雄性和雌性，牠們很可能會懷孕、產子。如果並不打算讓牠們繁衍後代，一開始就要做避孕手術或去勢手術。

不同種、不同齡
仍可融洽相處

即使是不同種、年齡大小也不相同的動物，只要是住在同一個屋簷下，還是可以很融洽地相處。譬如將一隻幼小的狗託給一隻母貓照顧，母貓餵小狗吃奶也不足為奇。

不要冷落先來的

當家中來了新成員，常常集所有寵愛在一身。此時如果冷落了先前就來到家裡的，牠可是會吃味而離家出走。動物的某些情緒和人類並無差別，所以當新成員來了，也不要忘了先前來的喔。

清洗飼養籠和食器

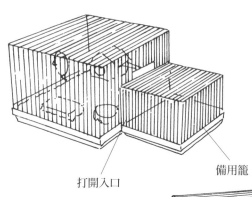

將寵物移到他處

動物的飼養籠和食器最少每個月要徹底清洗1次。首先，將備用籠準備好，將寵物暫時安置到備用籠裡。

備用籠

打開入口

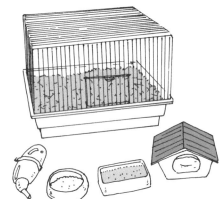

將食器和排泄盆拿出來

把原本放在籠子裡的食器、排泄盆、給水器全部拿出來。

將乾草、墊鋪用的毛巾丟棄

已經用髒的乾草和舊毛巾放入塑膠袋，紮緊袋口，待垃圾車來時丟棄。

袋口紮緊

塑膠袋

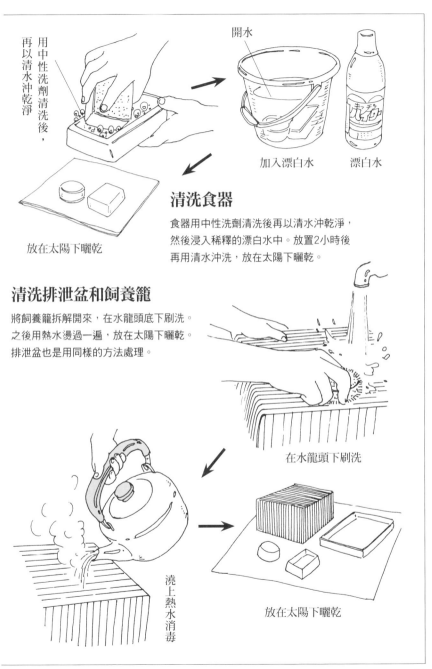

用中性洗劑清洗後，再以清水沖乾淨

開水

加入漂白水

漂白水

放在太陽下曬乾

清洗食器

食器用中性洗劑清洗後再以清水沖乾淨，
然後浸入稀釋的漂白水中。放置2小時後
再用清水沖洗，放在太陽下曬乾。

清洗排泄盆和飼養籠

將飼養籠拆解開來，在水龍頭底下刷洗。
之後用熱水燙過一遍，放在太陽下曬乾。
排泄盆也是用同樣的方法處理。

在水龍頭下刷洗

澆上熱水消毒

放在太陽下曬乾

飼料的管理

不可只用白飯加調味料養貓

從前的人養貓都只是餵白飯加柴魚片等調味用料，這在當時十分普遍，原因是居住環境比較開闊，大部分是有庭院的平房，貓可以經常外出捕食小鳥或老鼠，營養還算充足。但是，現代人大多居住在集合式住宅裡，如果還是像從前一樣，只是用白飯拌柴魚片餵貓，牠們是會營養不良的。給愛貓均衡的飲食，是飼主的責任。

啊？
又是這個！

白飯拌柴魚片

用市售的配方飼料最簡便

為了讓愛貓有均衡的營養，最簡便的方式是選擇市面上販售的配方飼料，有餅乾型的和罐頭型的。選購時最基本的是要按照動物的種類，另外就是要符合牠的成長階段。並且為了安心起見，還要注意有效期限，不要買到過期的商品。

餵食新奇多變化的飼料

有些動物的個性不喜歡變化，只吃某些特定的食物，例如某廠牌的配方飼料。但是偏食很容易造成營養不良，導致生病。如果所飼養的動物有這樣的問題，可以將牠喜愛的配方飼料作為主食，搭配其他品牌，或是在正餐之間補充點心。

吃剩的飼料要立刻處理

寵物吃剩的飼料一定要立刻處理，以免腐敗、發出臭味。腐敗的食物會帶來很大的危害，如果是寵物吃了，可能在體內累積毒素；此外，腐敗的食物還會造成環境汙染，降低生活品質。

噢，好臭喔！

如何管理已開封的飼料

無論是罐頭或紙袋包裝的配方飼料，如果已經開封，就要裝在密封容器裡，放入冰箱保存。

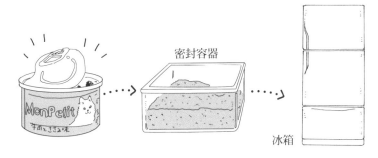

密封容器

冰箱

確保飼料源源不絕

昆蟲飼料的販售常有季節性，旺季時貨源豐沛，淡季時常常很難買到，尤其是超市和大賣場更是明顯。如果發現有這種情形，不妨向寵物專門店洽詢，或是記下廠牌的聯絡電話，直接向廠商購買。

找到合適的動物醫院

動物醫院一般都是綜合醫院

動物醫院也有內科、外科、眼科、耳鼻喉科，可治療各種疾病，而「患者」的種類也很多，包括狗、貓、鳥、倉鼠等等。但如果飼主帶去求診的是外來種動物，即使醫師未曾聽過或看過，也非得診治不可。

尋找值得信賴的動物醫院

能找到醫術高明、值得信賴的動物醫院，會令人感到很安心。如果住家附近沒有理想的，可以上網搜尋。好的動物醫院非常注重院內的清潔衛生，獸醫師對於動物的病況也會清楚解釋，並細心治療。此外，進行手術或一些特殊的治療前，也會先向飼主說明所需費用。

手抱著動物

體重計

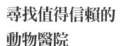

容器

磅秤

小動物

如何幫寵物測量體重

動物醫院為了開給正確的用藥量，必須測量動物的體重。如果家裡就有體重計或磅秤，平時就要幫寵物量體重。

總重量－飼主和容器的重量＝寵物的體重

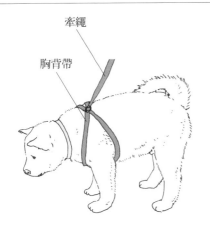

牽繩

胸背帶

如何帶寵物去醫院

到醫院前，先幫寵物繫上牽繩和胸背帶，防止牠逃脫或和其他動物發生摩擦時亂跑。如果寵物無法繫胸背帶，可以使用寵物專用攜帶籠，將牠安穩地帶到醫院。

攜帶籠

到了醫院要先掛號，院方會依照順序叫號。輪到看診時，遵照醫師指示將寵物放在診察台上。由於狗或貓可能會咬人，飼主最好用左手握住寵物的頸部，右手輕拍牠的身體予以安撫，以便順利就診。

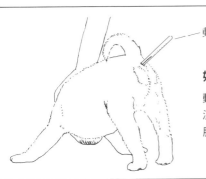

動物用體溫計

如何幫寵物測量體溫

動物醫院可以買到動物專用的體溫計，只要將體溫計插入動物的肛門，即可正確量出牠的體溫。

寵物繁衍下一代的準備工作

被棄養的動物會遭到處置

因飼主不願再繼續飼養而被棄置的動物，會被送到動物收容所。過了一定的保護期限以後，會被處以安樂死。根據統計，台灣每年被處以安樂死的狗和貓，大約有10萬隻左右。飼養動物時要先想好是否讓牠繁衍，否則任其生產，只是徒增無辜的下一代。這一點請千萬牢記。

當新生動物
無人收養時

毫無計畫地讓寵物繁衍下一代，新生的小寶寶又無人收養時，該怎麼辦？針對這個問題，一定要事先思考清楚。以倉鼠來說，每一胎大約有4～12隻。當小倉鼠年幼時需要母鼠的照顧，尚可居住在一起，但隨著牠的型體日漸長大，並且可以開始獨立時，就非得要個別分開飼養了。如果一時沒有人願意收養，就要準備4～12個飼養箱。

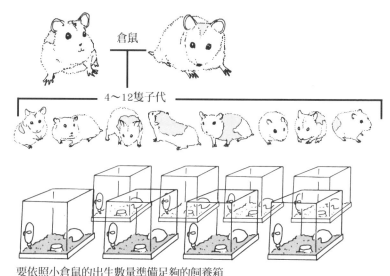

要依照小倉鼠的出生數量準備足夠的飼養箱

36

不要輕易將不同性別的同種動物養在一起

鼠類動物、兔子、孔雀魚、鱗魚等，繁殖力都很強，如果不同性別的養在一起，很容易就會繁衍出子代。因此，若不打算增加數量，一定要分開飼養。

倉鼠

兔子

孔雀魚

進行絕育手術

如果不打算讓寵物繁衍後代，以免生出無辜的新生命，可以帶牠們到動物醫院做手術。雌性的做避孕手術，雄性的做去勢手術。手術大約1歲左右就可以進行，一般的動物醫院都有這個項目。台灣有些縣市提供犬貓節育手術補助金，相關規定可洽詢各地動物保護協會或動物衛生檢驗所。

長時間不在家時

以2～3天為限

在飼養寵物的期間，總有不得已需要離開家的情形。這時，如果有熟人的話可請託代為照顧，或是暫時寄放在寵物店或動物醫院，但最多不要超過2～3天。如果要離家更長時間，最好能帶著寵物一起。千萬不要長時間離家，只留下一大瓶水和堆積如山的飼料，就把寵物棄之不顧。

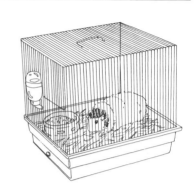

比較容易飼養的動物

魚和昆蟲是比較容易飼養的動物，即使主人離家2～3天，沒有託給他人，只要行前多放些飼料並不會有太大問題。

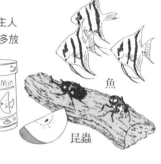

魚

多留些飼料

昆蟲

連籠子一起交給受託人

養在籠子或水族箱裡的動物，例如倉鼠、鳥、魚等等，如果暫時需要託人照顧，最好連籠子或水族箱一起交給對方，並且要留下足夠的食物。

請多多照顧。

ハムスター
フード

飼料

餵食 每天2次
狗食
水
聯絡電話
TEL
000-0000-0000

鑰匙

備忘紙條

要乖乖喔！

也可請友人來家裡照顧

如果有常來家裡走動、與家中寵物很相熟的友人，也可以請對方來家裡照顧，例如每天早、晚前來餵食，尤其是貓、狗之類的寵物，這種方式是最理想的。但是別忘了要將飼料的餵法寫清楚，並將自己的聯絡方式告知對方，以便有緊急狀況發生時，可以相互聯繫。

動物旅館

也可暫時寄放在動物醫院或寵物店

寵物店和動物醫院都有接受客戶短期托育寵物的服務。托育時需將餵食的注意事項及緊急聯絡方式寫清楚。

帶寵物去旅行

出發前的準備工作

讓寵物習慣進入專用攜帶籠

如果出遠門的前一刻才將寵物匆匆「塞」進籠子裡，牠會驚慌不習慣。最好出發前的一段時間，就讓牠慢慢習慣在裡面生活。

寵物專用攜帶籠

準備適合的籠子

為了讓寵物不致在路途中跌跌撞撞，最好準備剛好適合牠體型大小的籠子。另外，在籠子底部要鋪上報紙和毛巾，以備寵物在移動過程中大小便時，可以吸收排泄物。為了讓寵物在運送過程中情緒穩定，籠子外面要用蓋布遮住。

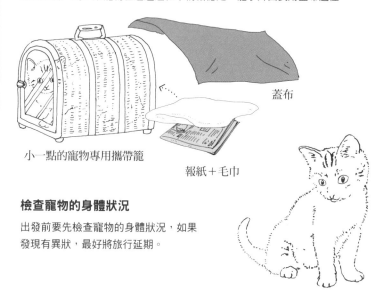

蓋布

小一點的寵物專用攜帶籠

報紙＋毛巾

檢查寵物的身體狀況

出發前要先檢查寵物的身體狀況，如果發現有異狀，最好將旅行延期。

套上胸背帶和項圈

為了避免中途查看寵物狀況而打開籠子、或短暫休息而打開車門時，寵物趁機脫跑，最好為牠套上胸背帶、項圈和牽繩。此外，項圈要掛上識別牌，上面註明飼主姓名、聯絡電話。

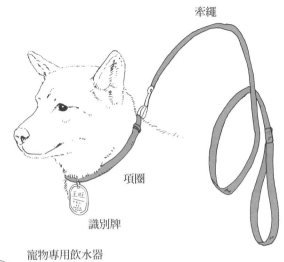

牽繩

項圈

識別牌

水壺

寵物專用飲水器

準備寵物的飲用水

旅程中經常會碰到不易取得飲用水的情形，因此一定要隨身攜帶水壺、寵物專用飲水器、盛水容器等。當情況許可時，要記得餵牠喝水。

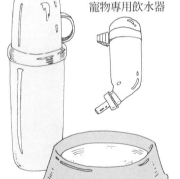

盛水容器

行前不要給寵物吃東西

為了避免寵物暈眩、嘔吐，出發前不要給寵物吃東西。

開車帶寵物出門

不要將寵物放在駕駛座右邊

單獨開車帶寵物出門，不要將牠放在駕駛座旁邊的位置，否則萬一牠在途中受驚撲向駕駛人，是很危險的。最好將寵物放在後座，並且在椅墊上鋪上舊毛巾。

轎車後座

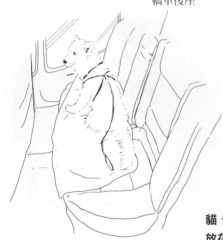

將寵物放在後座

貓、鳥或其他小型動物
放在籠子或籃子裡

帶貓、鳥或其他小型動物出門時，為了避免牠們跑到駕駛人的腳下影響煞車，一定要將牠們放在籠子或籃子裡。

給予適當的休息

如果小動物不習慣乘車，會感覺特別疲勞。最好每小時讓牠們下車休息一下，散散步，喝點水。

鳥

貓或其他小型動物

不要將寵物單獨留置在車上

即使只是短時間離開車子，例如去上廁所或用餐，也不要將寵物單獨留置在車上。就算不是炎熱的夏季，車子只要在太陽下曬一會兒，車廂內即可能高達30～40度，非常危險。總之，離開車子時，一定要將寵物帶在身邊。

帶寵物搭乘火車

攜帶寵物搭乘大眾運輸交通工具時，一定要事先詢問清楚相關規則。例如台鐵從2008年10月起開放旅客攜帶寵物搭乘各級列車，規定貓、狗、兔、魚蝦類等寵物，必須以寵物箱、袋裝置，尺寸在長43公分、寬32公分、高31公分以內，每人以1件為限，不另外收費。寵物箱如果超過尺寸，必須另外辦理行李托運。

43 cm以下

寵物箱超過尺寸，必須辦理托運。

不得取出寵物把玩。

帶寵物搭乘飛機

若要攜帶寵物搭機，預訂機位和購票時須提出申請。上機前，須先放入寵物專用運輸籠裡，由航空公司統一放在貨艙中，到達目的地之後再向托運行李的櫃檯領取。運送費依各家航空公司規定為主，例如立榮航空由台北到台東約320元（10公斤以下）。

上飛機前將寵物放入專用籠裡，由航空公司統一保管。

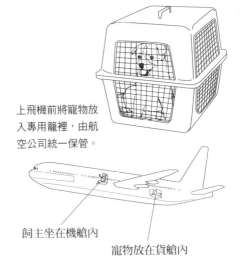

飼主坐在機艙內

寵物放在貨艙內

如何替寵物拍照

相機的種類

若想拍攝出好的動物或植物照片,選用可拍特寫的變焦防震相機或自動對焦單眼相機。此外,還有可隨拍攝環境自動調整快門所謂的「傻瓜相機」,使拍照更為輕鬆愉快。

變焦防震相機

自動對焦單眼相機

拍照的取鏡原則

大部分的寵物在體型上比人要小得多,如果站著俯拍,感覺會不夠生動。為寵物拍照時,最好要放低身體,鏡頭的高度不超過動物的眼睛,這樣才能夠拍出自然的照片。

固定焦距

寵物不會一直固定不動,牠們經常是跑來跑去。最好的方式是選定一個位置,調好焦距,將快門按下一半,當寵物到達預設位置時立刻按下快門,即可拍出焦點清晰的照片。

快門

拍出背景朦朧的照片

轉動相機的攝影模式轉盤，選擇到人像模式（依相機而有不同的選擇模式），即可拍出背景朦朧、但主角寵物十分清晰的可愛照片。

靜態（人像）模式

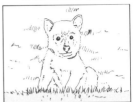

模式選擇轉盤

捕捉寵物的動態

若想拍下寵物某一瞬間的動態，可將攝影模式定為動態模式，並提高快門速度，即可拍出栩栩如生的精采照片。

動態模式

細部的特寫

單眼相機附有微型聚光鏡片，昆蟲及花朵的細部都可以拍得十分清晰。調整相機並將焦距固定好，利用身體略微前傾或後仰，找出最精確的焦距。

單眼相機

微型攝影鏡頭

如果以變焦防震相機拍攝，可將鏡頭定在伸出的狀態，即可拍出相機所容許的最近距離的物件特寫照片。每款相機的最小焦距不同，約在60公分～1公尺之間。

寵物失蹤時怎麼辦

如何預防寵物迷路

給寵物掛上識別牌

將寵物的名字、飼主姓名、聯絡電話寫在識別牌上或寫在紙上放入小筒子裡，掛在寵物的項圈上。

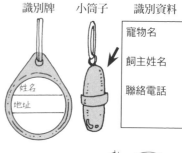

識別牌　　小筒子　　識別資料

寵物名

飼主姓名

聯絡電話

當寵物從飼養籠跑出來時

有時寵物會從飼養籠跑出來，到處自由蹦跳。此時，立刻關緊門窗，尤其是會飛的鳥或身手靈活的貓最要小心防範，否則很可能飛出窗外或從陽台摔下樓去。

嘎～

牽繩

胸背帶

帶寵物外出時

帶寵物外出時要給牠戴上項圈和牽繩，以防止逃脫。

哇！
真無聊！

搬家時

剛搬到新的居所時，即使是曾經自由外出、令人很放心的貓咪，在前3天最好暫時不要讓牠外出，以便先適應新家的環境。

寵物走失時如何尋找

張貼海報

如果不慎讓寵物走失了，除了趕快到附近尋找之外，還要在最短的時間內在公園、社區佈告欄、動物醫院張貼海報。很重要的是，海報上要指出寵物的特徵，以方便他人辨識。如果對協尋者有實質的回饋也可寫明，效果會更好。

尋貓啟事

○月○日本人愛貓於○○走失，
懇請善心人士協尋，
若經尋獲必有重謝。

照片 ——

愛貓名　瑪格麗特
特徵　有條紋
聯絡方式　毛美　○○○○-○○○○

毛美 尋貓啟事	毛美 尋貓啟事	毛美 尋貓啟事	毛美 尋貓啟事	毛美 尋貓啟事	毛美 尋貓啟事	毛美 尋貓啟事	毛美 尋貓啟事
○○○○- ○○○○	○○○○- ○○○○	○○○○- ○○○○	○○○○- ○○○○	○○○○- ○○○○	○○○○- ○○○○	○○○○- ○○○○	○○○○- ○○○○

此處載明聯絡電話。可讓有意協尋者撕下帶走，以便聯繫飼主。

夾報

將海報的內容做成廣告單的型式夾在報紙中，也是可行的方式。夾報需要付費，可向附近的派報社詢問。

到流浪動物之家或
保護動物協會探尋

有些地區的流浪動物之家或保護動物協會對走失的貓、狗有收留或保護的服務，可前往探尋。不過要特別注意的是，貓、狗都有固定的收留日數，超過保護期限即會予以處置。

流浪動物之家

Townpage
城鎮電話簿

委託便利商店協尋

在日本，有些人會在城鎮電話簿（townpage）上登出搜尋寵物的訊息，或拜託便利商店的店長請顧客代為注意。須要注意的是，事前要先確認搜尋方式和付費標準。

47

當寵物死亡時

任何動物的生命
都是有限的

小動物的生命比人類短少很多，
當心愛的寵物離開人間，主人都
會感到很傷心，並且想要親手埋
葬牠。

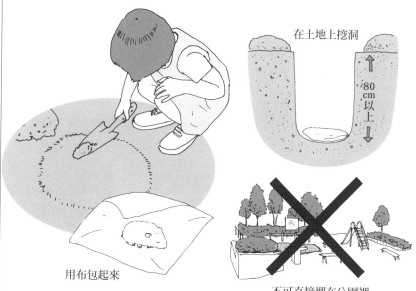

在土地上挖洞

80
cm
以
上

用布包起來

不可直接埋在公園裡

體型小的寵物

如果自己家有庭院，可以將寵物直接埋葬。一般的公園或空地是
禁止隨意掩埋動物屍體的，請務必遵守。為寵物挖墓穴時，深度
要80公分以上，並且埋葬前要用布包裹。

體型大的動物

交給防疫所

如果家裡的寵物體型較大，無法直接埋在自家庭院，可聯絡環保單位處理。為了避免屍體發出臭味，要先用塑膠袋包好，然後放入紙箱。

放入寵物屍體

瓦楞紙箱

塑膠袋

打電話給環保單位

埋葬在寵物墓園

從網路、電話簿上查詢，或洽詢動物醫院

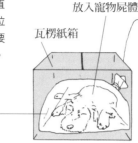

Townpage
城鎮電話簿

塑膠袋

瓦楞紙箱

放入寵物屍體

火化後將骨骸埋葬在寵物墓地

想要將寵物的遺體妥善處理，可以從網路、電話簿或動物醫院洽詢寵物墓園。有的墓園有誦經、火化、土葬等服務。

如何購買寵物

走一趟寵物店，可以看到各種可愛的動物，狗、貓、兔子、倉鼠……等。但千萬不要只是因為覺得牠們可愛，就一時衝動買回家。購買寵物之前要先考慮自己是否有能力照顧牠，是否會帶給左鄰右舍困擾而遭到投訴。總之，從擁有的第一天開始，就要對寵物負起責任。然而，動物並不是永遠維持著小時候的可愛模樣。事實上，隨著成長，牠們的面貌和形體都會改變，甚至連性情也會變得較為野性。所以購買寵物時絕不要憑著一股衝動，而要和家人充分溝通、達成共識後再決定是否飼養。

此外，購買寵物時還要注意，譬如狗或貓是否有血統證明書？是否健康？如果買來不久就生病死亡該怎麼辦……等等。因此最好到值得信賴的寵物店購買，並且要多次確認沒有問題再下手。

狗・貓
和
其他小動物

狗

飼養要訣

狗的性格溫和、頭腦靈活，如果以愛為出發點飼養牠們，牠們可以成為人類最好的朋友。由於牠們有群體生活和認主人的習性，飼養者可以利用狗的這個習性，在牠很小的時候就讓牠認得主人。

寵物店　　　　附近鄰居

如何取得

取得前

問問看附近鄰居有沒有剛出生的小狗願意送人，或是向值得信賴的寵物店購買。如果是鄰居的小狗，可以觀察牠父母的脾性。大部分的小狗在性格上都會和父母很相像。

選擇有元氣的小狗

出生後7～10週的幼犬，如果很好飼養，將來就容易馴服。選的時候不要著急，仔細檢查牠的眼睛、耳朵、肛門等全身各部位，好好挑一隻健康有活力的。

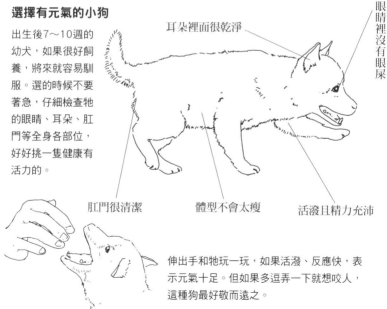

耳朵裡面很乾淨

眼睛裡沒有眼屎

肛門很清潔　　　體型不會太瘦　　　活潑且精力充沛

伸出手和牠玩一玩，如果活潑、反應快，表示元氣十足。但如果多逗弄一下就想咬人，這種狗最好敬而遠之。

狗的品種

不同品種的狗，體型大小不同。選擇之前要先考慮，準備將牠養在室外還是室內？
由誰來照顧？有能力照顧嗎？家庭的狀況是否適合養狗……等等。

大型犬

黃金獵犬
肩高
54
～
62
cm

西伯利亞哈士奇
肩高51～60cm

中型犬

柴犬
肩高
36
～
41
cm

喜樂蒂牧羊犬
肩高33～44cm

瑪爾濟斯
肩高20～25cm

小型犬

約克夏
肩高20～23cm

迷你臘腸狗
肩高21～27cm

飼養必備用具

項圈

有皮製的、尼龍製的、鐵製鏈條式的等等。

牽繩

有2公尺皮製的,非常堅固耐用。也有的可以放長到5公尺。

可以伸縮的牽繩

胸背帶

繩帶套在狗的胸部和腿的根部,力量較分散,不會只勒住脖子。

牽繩

胸背帶

人造骨

喜歡咬東西是狗的本能。不妨偶爾讓狗咬一下牛皮做的人造骨頭(牛皮骨)。

小球等玩具

小球或其他玩具在寵物店都可以買到。多讓小狗玩耍,可以紓解牠的壓力。

齒梳和刷子

常常幫狗梳毛,可以幫助牠的血液循環,並預防皮膚病。此外,也是很好的感情交流方式。

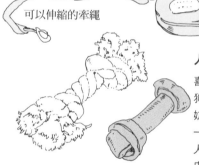

狗便清除器

可隨時隨地清除狗的糞便,方便又衛生。

名冊登錄與狂犬病注射

狗狗出生日起4個月之內，要帶狗狗到動物醫院植入晶片，並辦理登記手續。登記後狗狗不但有自己的編號，還可佩戴專屬的頸牌，這樣牠就有正式的官方身分證明了。

一般年齡大於6週的狗狗，若健康檢查一切正常，就可以請獸醫師為牠注射預防針。每年定期幫狗狗注射預防疫苗，可以確保牠的健康唷！

居住處所

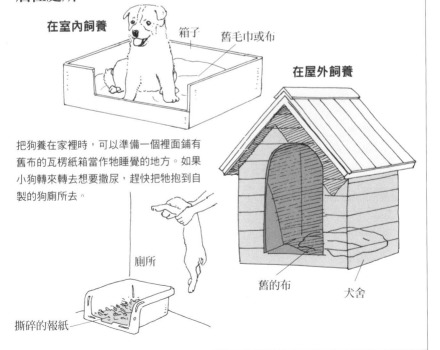

在室內飼養　　　箱子　　舊毛巾或布

在屋外飼養

把狗養在家裡時，可以準備一個裡面鋪有舊布的瓦楞紙箱當作牠睡覺的地方。如果小狗轉來轉去想要撒尿，趕快把牠抱到自製的狗廁所去。

廁所

舊的布　　犬舍

撕碎的報紙

餵食

幼犬每日餵食3～4次，成犬每日餵食1～2次。
狗食最好放在穩固的容器裡，每次餵食前記得
把容器洗乾淨。此外，飲水須天天更換。

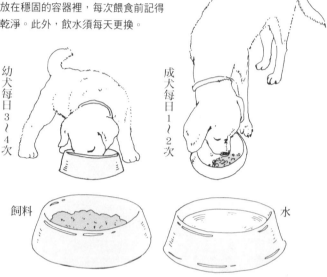

幼犬每日3～4次

成犬每日1～2次

飼料

水

狗食

罐頭

零食

基本上以狗食為主

狗食中有的做成餅乾形狀，也
有的以罐頭包裝。使用對象分
為幼犬、成犬、妊娠犬、高齡
犬等，營養成分各有不同。基
本上最好以狗食為主，偶爾可
搭配烹煮的肉類和蔬菜，但盡
量避免直接餵餐桌上的食物。

洋蔥

鹽分高、辛香料
強的食物

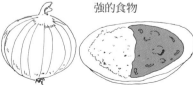

這些東西不要餵

洋蔥容易引起中毒，不要餵含有洋蔥的
食物。此外，辛香料、鹽分高的人吃的
食物也不要餵給狗吃。

運動

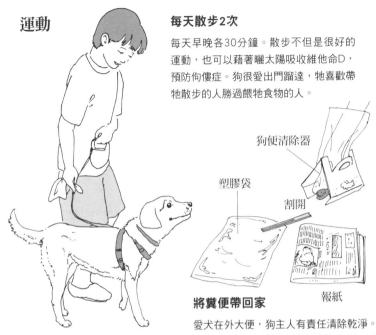

每天散步2次

每天早晚各30分鐘。散步不但是很好的運動，也可以藉著曬太陽吸收維他命D，預防佝僂症。狗很愛出門蹓躂，牠喜歡帶牠散步的人勝過餵牠食物的人。

狗便清除器

塑膠袋

割開

報紙

將糞便帶回家

愛犬在外大便，狗主人有責任清除乾淨。蹓狗時別忘了攜帶市售的狗便清除器，或是用筷子將排泄物夾起用報紙包好，放入塑膠袋裡帶回家。

散步時的訓練課程

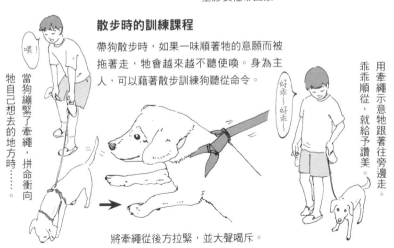

帶狗散步時，如果一味順著牠的意願而被拖著走，牠會越來越不聽使喚。身為主人，可以藉著散步訓練狗聽從命令。

喂！

當狗繃緊了牽繩，拼命衝向牠自己想去的地方時……。

將牽繩從後方拉緊，並大聲喝斥。

好乖～好乖

用牽繩示意牠跟著往旁邊走。

乖乖順從，就給予讚美。

基本訓練課程

當你接受了一隻狗進入你的生活圈，一定要在牠出生後3個月左右，就開始好好「教育」牠。一旦教會了，聰明的狗是不會忘記的。想辦法摸清楚狗的習性，有耐性地反覆教導是很重要的。

狗喜歡結為群體

狗是一種群居動物，有所謂的上下關係，飼主一定要讓牠認清主人是在上位的。

何謂權勢症候群？

如果對狗過分縱容嬌寵，牠會認為自己比主人還大，變得不聽主人的話，這就是狗的「權勢症候群」。一旦狗養成這種惡習，是很難糾正的。

讓狗認清飼主位居上位

在狗還小的時候，就要教育牠主人是在上位者。

讓狗仰躺著，用手摸摸牠的肚子30秒，暫時限制牠的自由。這樣的姿勢在狗的社會中表示順從的意思。

也可以在小狗處在舒適狀態時，刻意訓練牠服從的習慣，十分有效果。

訓練的祕訣

小狗不乖的時候，當場就要斥責。如果等到事後才責罵，牠會不知道為什麼。當牠的情緒漸漸平穩下來後，可以好好的讚美牠一番，但不要用食物獎勵牠。

責罵時看著牠的眼睛

罵狗的時候要嚴肅、不帶感情。看著狗的眼睛，語氣強烈一點。責備的用詞最好要固定，例如「不可以！」「乖一點！」「聽話！」，不要經常變換用詞。

誇獎

在狗不聽話的當下就予以斥責

不可以！

改正喜歡咬人的習性

逗弄狗的時候，被牠冷不防的咬住，要大聲喝斥制止。之後可以給牠小球、牛皮骨之類可以咬的東西。

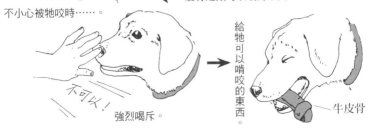

不小心被牠咬時……。

不可以！

強烈喝斥。

給牠可以啃咬的東西。

牛皮骨

如何教狗坐下

讓狗順服地坐下，是基本訓練課程。首先讓狗的情緒安定下來，將牽繩輕輕向上提拉，同時用手將狗的臀部向下按壓。完成這個動作，別忘了給予讚美。

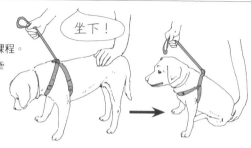

坐下！

飲食訓練

有時候剛剛把狗食放在容器裡，但還沒完全準備好，狗就急著要吃，是非常煩人的事，因此教牠正確的用餐禮儀是很重要的。

坐下！

在放下已盛了食物的容器之前，先命令狗坐下。

等一下！

先發出「等一下！」的命令，再放下食物。如果牠迫不及待想吃，繼續用「等一下！」的命令禁止，同時捂住食物。

開始！

當狗確實能做到時，再發出「開始！」的命令准許牠用餐。

坐下！

命令狗坐下。

等一下！

教狗「等一下」和「過來」

每一個養狗的人，都要讓狗學會等待。

一邊發出「等一下！」的命令，一邊用手制止，並讓狗向後退。如果牠能夠一動也不動的坐下，就給予讚美。

過來！

學會了「等一下」之後，再發出「過來！」的命令，讓牠靠過來。如果做到，即給予鼓勵。

好棒！好棒！

讓狗習慣與人接觸

如果家裡的狗性格比較神經質，從小就要讓牠多多接觸附近的鄰居或熟悉的友人。

沒事！

如果家裡有嬰幼兒，而狗又養在室內，一開始可以抱著孩子給狗看看，但如果牠想接近或吠叫，輕輕對牠說「不可以！」。反覆幾次之後，牠便會慢慢明瞭小寶寶是不可以靠近的。

叭噗～

教狗不胡亂吠叫

狗經常會在主人準備外出或是牠想要出去蹓達時叫個不停。身為狗主人，一定要改掉狗的這個壞習慣。

汪！

外出時，即使狗在後面叫個不停，也不要予以理會。如果此時停下腳步，甚至改變主意不出門，都會讓狗以為只要吠叫，任何事都可以得逞，而養成以吠叫來表達情緒的壞習慣。

如果帶狗外出散步，狗一見人就吠叫時……。

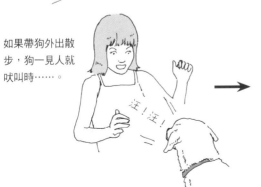

汪！汪！

不可以！

一邊注視著狗的眼睛，一邊喝斥「不可以！」。

健康與疾病

與預定的獸醫師見面

在狗還小的時候，就帶牠去見值得信賴、未來生病時會為牠治療的獸醫師，如此，當有一天真的生病需要就醫時，才不會因陌生而驚慌、排斥。因為，即使非常年幼的狗，也會明白看病是怎麼一回事，就診時會一直想閃躲。

檢查糞便、吞飲打蟲藥

如果狗的體內有寄生蟲，會妨礙牠的發育。可以將狗的糞便帶到動物醫院進行檢查，若有寄生蟲，可以請獸醫師開藥治療。

塑膠袋

糞便

市售的寵物專用籠

帶狗去醫院時

如果是小型犬或中型犬，可將牠放入市售的寵物專用籠，直接帶到醫院，到了診察台才將牠抱出來。如果是大型犬，就直接牽著走。需要注意的是，一定要為愛犬繫上牽繩，以免途中與其他的貓、狗發生衝突。

每天檢查身體狀況

維護愛狗的健康是主人的責任。每天都要仔細看看牠的眼睛分泌物是否過多，嘴巴是否會發出不正常的臭味，鼻子是否有流鼻水的現象，食慾好不好……等等。

定期預防注射

犬瘟熱、犬小病毒腸炎都是狗經常會出現的疾病，按時接受預防注射較為安心。注射的疫苗有三合一式、六合一式、八合一式，亦即注射1次可預防多種疾病，接種前可與獸醫師討論。

身上有跳蚤時

有時候狗到沙堆裡玩過以後，身上會附著跳蚤，導致全身發癢，嚴重時甚至引發過敏，造成脫毛。此時可以在牠舔不到的頸部和肩部，灑上殺滅跳蚤的藥水，但治療前應與獸醫師討論。

吞服淋巴性絲蟲病預防藥

淋巴性絲蟲病是以蚊子為媒介的線蟲所引起的疾病，目前有每月吃1粒即可預防的藥劑。可請獸醫師檢驗，發現愛犬血液中有絲蟲幼蟲時，就開藥治療。

餵狗吃藥的方法

藥粉或藥錠可以直接混入狗食，十分方便。但如果狗只把食物吃完，留下藥錠，可以扳開牠的嘴巴將藥錠放在舌頭根部，再用雙手將嘴巴閉合使其順利吞嚥。

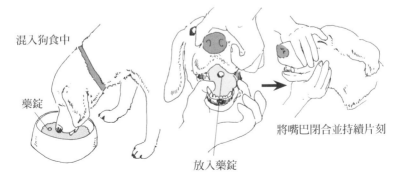

混入狗食中

藥錠

將嘴巴閉合並持續片刻

放入藥錠

日常照顧

狗雖然很喜歡和主人有肢體的接觸，但是像洗澡、刷牙等，如果不從牠小的時候養成習慣，長大以後就會排斥。

梳毛

經常幫狗梳毛可以使牠的毛質更好，並可預防皮膚病。梳的時候要順著狗的毛流。

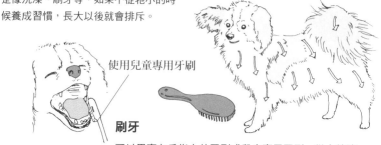

使用兒童專用牙刷

刷牙

可以用套在手指上的牙刷或兒童專用牙刷，從小就讓愛犬養成每天刷1次牙的習慣，這樣到老的時候，牙齒才能保持強健。

給狗洗澡的方法

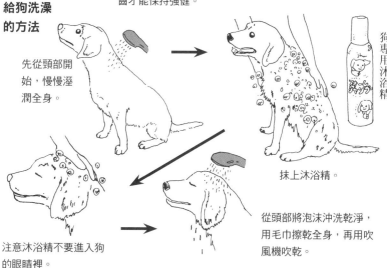

先從頸部開始，慢慢溼潤全身。

抹上沐浴精。

狗專用沐浴精

注意沐浴精不要進入狗的眼睛裡。

從頭部將泡沫沖洗乾淨，用毛巾擦乾全身，再用吹風機吹乾。

剪趾甲

很少到室外的狗，趾甲長得特別快。可以到寵物店購買專用趾甲刀，當狗的趾甲長到看起來透明時，就該為牠剪掉沒有血管的部分。此外，如果修剪以後有較尖銳的稜角，可以用銼刀修磨。

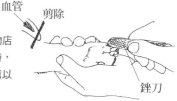
血管　剪除
銼刀

繁殖

母狗大致上在春季和秋季進入發情期,而公狗受到母狗發情的刺激也會發情。如果計畫讓狗繁殖,可以回到當初購買的寵物店,請店家協助配對。

母狗每胎大約生產1~6隻小狗,基本上狗媽媽會自行生產並照顧子代。如果有任何問題,可以請教獸醫師。

妊娠期大約2個月

母狗的妊娠期大約2個月。此時期須將狗安置在安靜的場所,並準備生產用的紙箱。生活和過去大致相同,還是可以出去散步,但要餵牠妊娠犬專用營養配方的狗食。接近預產期時,要特別注意牠的動態。

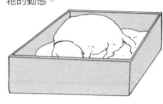

剛出生

出生後2週

幼犬專用狗食

出生後4~6週,斷奶

幼犬大約1年可以長大為成犬

小狗剛出生時眼睛看不見,耳朵也聽不見。母狗生產不久後即可開始照顧小狗。小狗吸母親的奶成長,出生後的第2週,眼睛慢慢可以看見了;4~6週後可以斷母奶,開始喝幼犬專用的人工乳品和狗食。大約1年後可以長大為成犬。

人工乳

貓

飼養要訣

貓十分聰明靈活，很喜歡玩耍，是一種即使被人類飼養，仍然存留著野性的動物。貓和習慣結為群體社會的狗不同，牠們喜歡單獨生活，如果能從剛出生就開始飼養，才比較有可能與牠建立親密的關係。

如何取得

取得前

問問看附近鄰居有沒有剛出生的小貓願意送人，或是向值得信賴的寵物店購買。如果是鄰居的小貓，可以就近觀察牠父母的脾性。大部分的小貓，在性格上都會和父母很相像。

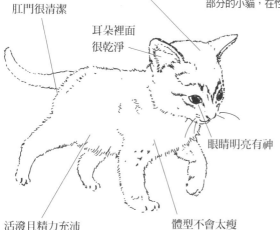

毛色有光澤

肛門很清潔

耳朵裡面很乾淨

眼睛明亮有神

活潑且精力充沛

體型不會太瘦

選擇有元氣的小貓

出生後2～3個月的幼貓，如果很好養的話，將來就容易馴服。選的時候不要著急，仔細檢查牠的眼睛、耳朵、肛門等全身各部位，挑一隻健康有活力的。如果逗弄牠時總是冷漠、閃躲，可能性格比較神經質，最好避免選擇這樣的貓。

貓的種類

貓分為純種貓和混血（雜種）貓，以毛的長短來分，有短毛貓和長毛貓。
長毛貓在照顧上比較費心，這是需要考慮的地方。

短毛貓

美國短毛貓

特徵是腹部有卷渦狀的
條紋，較喜歡親近人。

日本貓

很早以前即生活於
日本的雜種貓。

阿比西尼亞貓

尾巴很長，身型修長，
動作極具魅力。

長毛貓

波斯貓

一直是極受歡迎的高人
氣品種，毛色有黑色、
白色、混色等多種。

喜瑪拉雅貓

體型和波斯貓很相似。
鼻尖、耳朵、腳尖毛色
較深為其特徵。

緬因貓

生活於美洲的貓，
性格十分溫和。

飼養必備用具

貓砂盆和貓砂

貓砂盆是給貓排泄用的，大小要足以讓貓在裡面可以轉身。貓砂有碎石子混合材質的，也有紙製的等多種。另外還有用來清除汙髒貓砂的鏟子。

胸背帶和牽繩

如果一直將貓關在室內，會因運動量不足而生病。要經常帶貓出去散步，並在出門前給牠繫上胸背帶和牽繩。

貓砂

排泄盆

貓砂清除鏟

胸背帶

牽繩

磨爪器

貓有磨爪子的本能，為了不使牠在家具、門框或柱子上磨爪子，可以準備一個磨爪器。

項圈

貓的項圈不是用來控制行動，只是讓人分辨牠是隻有人飼養的家貓。購買時可以選擇掛有墜飾並且不要太緊的項圈。如果可以伸縮是最理想的。

玩具老鼠

小球

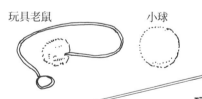

逗貓棒

玩具

貓無論長到多大都很喜歡玩玩具，不妨給牠小球或是玩具老鼠，也可以拿著逗貓棒和牠一起玩。

梳子

刷子

梳子和刷子

基本上貓會自己用舌頭將毛舔順，但是長毛貓的毛很容易打結，必須經常以刷子或齒縫較密的梳子為牠理毛。

餵食

幼貓每日餵食3～4次，成貓每日餵食2次。吃剩的食物務必立刻處理，以免有礙衛生。貓食最好放在穩固的容器裡，飲水也要每天更換。

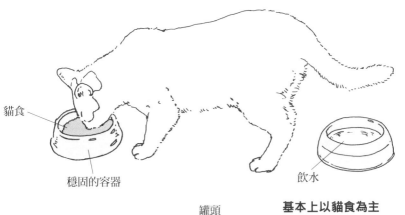

貓食

穩固的容器

飲水

罐頭

貓食

貓專用人工乳

基本上以貓食為主

貓食中有的做成餅乾形狀，也有的以罐頭包裝。使用對象分為幼貓、成貓、妊娠貓、高齡貓等，營養成分各有不同。基本上最好以貓食為主，為了不使牠感到厭膩，偶爾可搭配烹煮的魚和肉，也可以添加貓專用的人工乳。

這些東西不要餵

洋蔥和貝類容易引起中毒，最好避免。此外，辛香料、鹽分高的人吃的食物也不要餵給貓吃。

鹽漬鮭魚

咖哩

居住處所

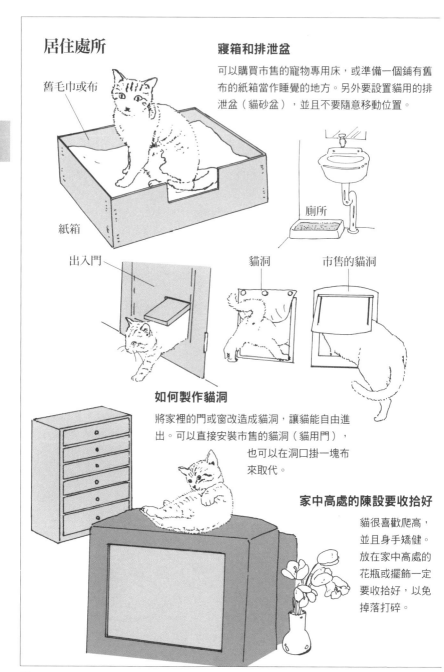

寢箱和排泄盆

可以購買市售的寵物專用床，或準備一個鋪有舊布的紙箱當作睡覺的地方。另外要設置貓用的排泄盆（貓砂盆），並且不要隨意移動位置。

舊毛巾或布

紙箱

廁所

出入門

貓洞

市售的貓洞

如何製作貓洞

將家裡的門或窗改造成貓洞，讓貓能自由進出。可以直接安裝市售的貓洞（貓用門），也可以在洞口掛一塊布來取代。

家中高處的陳設要收拾好

貓很喜歡爬高，並且身手矯健。放在家中高處的花瓶或擺飾一定要收拾好，以免掉落打碎。

運動

帶貓去散步

雖然貓會爬上爬下，但飼養在室內的貓難免運動量不足，最好經常帶牠出去散步。出門前給牠繫上胸背帶，以免不受控制。貓和狗不同，牠不會乖乖按著主人的意思蹓躂，不妨帶牠到固定場所，例如公園裡，讓牠玩一玩。

牽繩

胸背帶

給愛貓室內遊戲玩具

長大後的貓還是很喜歡玩，可以給牠小球或玩具老鼠，以消除因運動不足產生的壓力。

球等玩具

陪貓一起玩

如果貓不肯獨自玩，可以藉著輔助工具陪牠一起玩，例如拿著逗貓棒或繩子逗弄牠，是所有貓都喜歡的遊戲。

逗貓棒

繩子

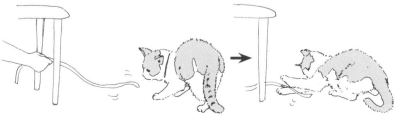

以家具當掩蔽物，伸出手擺動繩子逗弄牠。

貓會想盡辦法抓住繩子。

基本訓練課程

有人說貓和狗不同，牠不會聽主人的話，這是錯誤的觀念。貓是一種很聰明的動物，但是要從小就好好教牠，否則長大後確實不易馴服。

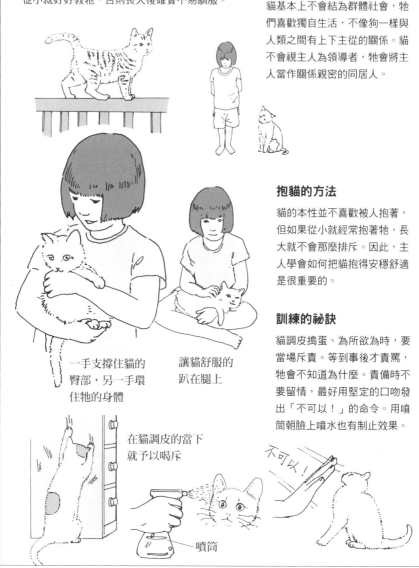

貓喜歡單獨生活

貓基本上不會結為群體社會，牠們喜歡獨自生活，不像狗一樣與人類之間有上下主從的關係。貓不會視主人為領導者，牠會將主人當作關係親密的同居人。

抱貓的方法

貓的本性並不喜歡被人抱著，但如果從小就經常抱著牠，長大就不會那麼排斥。因此，主人學會如何把貓抱得安穩舒適是很重要的。

訓練的祕訣

貓調皮搗蛋、為所欲為時，要當場斥責。等到事後才責罵，牠會不知道為什麼。責備時不要留情，最好用堅定的口吻發出「不可以！」的命令。用噴筒朝臉上噴水也有制止效果。

一手支撐住貓的臀部，另一手環住牠的身體

讓貓舒服的趴在腿上

在貓調皮的當下就予以喝斥

噴筒

不可以！

大小便訓練

小貓最先要開始教的就是到固定的地方上廁所。
只要反覆訓練，讓牠記住了，就再也不會忘。

市售的貓砂

鋪上3〜4cm
厚的貓砂

撕碎的報紙

被排泄物弄髒的貓砂

貓砂清除鏟

排泄盆和貓砂

在排泄盆裡鋪上3〜4公分厚的貓砂（也可
以用撕碎的報紙取代）。要注意的是，如
果貓砂髒汙了，貓就會變得不喜歡再到那
裡排泄，所以一定要勤於清理。

如何教貓上廁所

如果一開始貓不會到固定的地方排泄，千萬不要責
備牠。只要耐住性子反覆的教，牠一定可以學會。

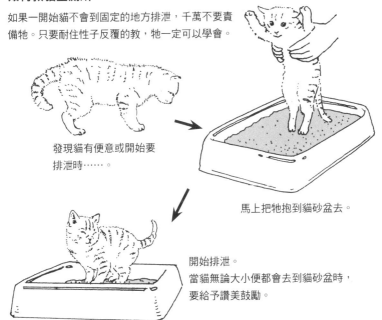

發現貓有便意或開始要
排泄時⋯⋯。

馬上把牠抱到貓砂盆去。

開始排泄。
當貓無論大小便都會去到貓砂盆時，
要給予讚美鼓勵。

當貓開始在家具上面磨爪子時……。

磨爪的訓練

貓有將爪子磨尖的習性，當牠想要劃定勢力範圍時也會磨爪子。因為貓會到處找地方磨爪子，所以一定要嚴格的訓練牠，以免家具遭到破壞。可以選購市售的磨爪器讓牠在固定的地方磨爪。

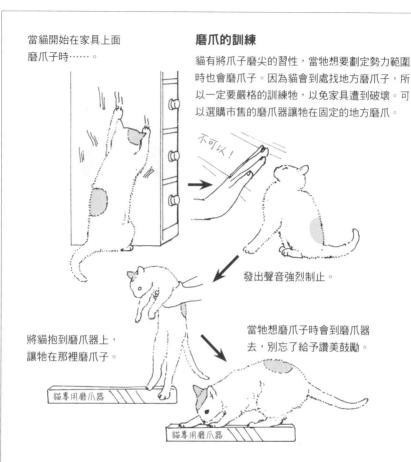

不可以！

發出聲音強烈制止。

將貓抱到磨爪器上，讓牠在那裡磨爪子。

當牠想磨爪子時會到磨爪器去，別忘了給予讚美鼓勵。

貓專用磨爪器

貓專用磨爪器

當雄貓到處撒尿

雄的成貓有以小便來劃定勢力範圍的習性。由於貓尿的氣味很強烈，如果牠隨意小便，是很令人無法忍受的。可以將牠帶到動物醫院做去勢手術，以抑制牠到處撒尿。

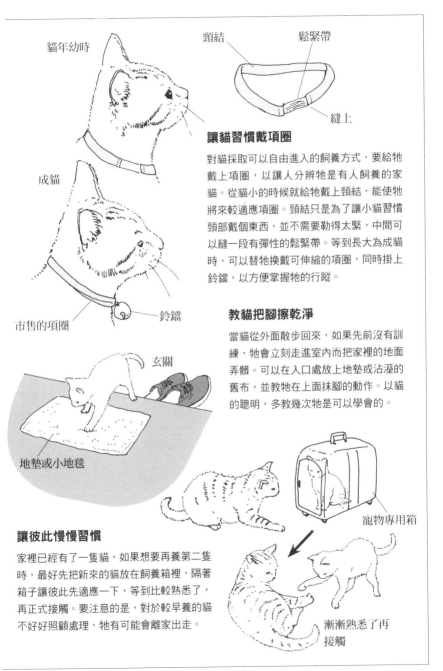

讓貓習慣戴項圈

對貓採取可以自由進入的飼養方式，要給牠戴上項圈，以讓人分辨牠是有人飼養的家貓。從貓小的時候就給牠戴上頸結，能使牠將來較適應項圈。頸結只是為了讓小貓習慣頸部戴個東西，並不需要勒得太緊，中間可以縫一段有彈性的鬆緊帶。等到長大為成貓時，可以替牠換戴可伸縮的項圈，同時掛上鈴鐺，以方便掌握牠的行蹤。

教貓把腳擦乾淨

當貓從外面散步回來，如果先前沒有訓練，牠會立刻走進室內而把家裡的地面弄髒。可以在入口處放上地墊或沾溼的舊布，並教牠在上面抹腳的動作。以貓的聰明，多教幾次牠是可以學會的。

讓彼此慢慢習慣

家裡已經有了一隻貓，如果想要再養第二隻時，最好先把新來的貓放在飼養箱裡，隔著箱子讓彼此先適應一下，等到比較熟悉了，再正式接觸。要注意的是，對於較早養的貓不好好照顧處理，牠有可能會離家出走。

健康與疾病

與預定的獸醫師見面

在貓還小的時候，就帶牠去見值得信賴、未來生病時會為牠治療的獸醫師，如此，當有一天真的生病需要就醫時，才會有安全感。貓對於自己熟悉的獸醫師，比較不會表現出焦躁。

塑膠袋

檢查糞便、吞飲打蟲藥

貓的體內有寄生蟲時，會妨礙牠的發育。將貓的糞便帶到動物醫院進行檢查，若有寄生蟲，可以請獸醫師開藥治療。

糞便

牽繩

胸背帶

帶貓去醫院時

可以給貓戴上胸背帶，抱在手上，或是將牠放入市售的寵物專用籠，直接帶到醫院。注意不要讓牠受到其他貓或狗的擾擾。

市售的寵物專用籠

耳朵內部

眼睛

嘴巴

肛門

每天檢查身體狀況

維護愛貓的身體健康是主人的責任。每天都要仔細看看牠的眼睛分泌物是否過多，嘴巴是否會發出不正常的臭味，鼻子是否有流鼻水的現象，食慾好不好……等等。

定期預防注射

貓有時候會得到傳染病，剛出生的小貓會從母體得到免疫的抗體，但出生後2～3個月抗體會消失，此時必須施打預防針。施打前可與獸醫師討論。

藥水

身上有跳蚤時

有時候貓在榻榻米上或沙堆裡玩過以後，身上會附著跳蚤，導致全身發癢，嚴重時甚至引發過敏，造成脫毛。此時可以在牠舔不到的頸部和肩部，灑上殺滅跳蚤的藥水，但治療前應與獸醫師討論。

餵貓吃藥的方法

最簡單的方法就是將藥粉或藥錠直接混入貓食。但如果貓會閃開藥錠，只吃貓食，可以扳開牠的嘴巴，將藥錠放在舌頭根部，再用雙手使其閉合，就可以順利吞嚥了。

混入貓食中

放入藥錠

將嘴巴閉合
並持續片刻

貓草

市售的貓草

餵食貓草

貓會用舌頭舔乾淨身上的毛，但也往往把許多毛吃下肚裡。讓牠吃些草可以幫助刺激腸道，把毛吐出來。如果不將胃裡的毛吐乾淨，會導致消化不良。為了解決這個問題，也可以購買市面上的貓草餵食。

日常照顧

貓長大以後才開始幫牠洗澡和梳毛，牠會很排斥，所以要從小就養成習慣。經常幫貓梳毛可以使牠的毛質更好，並可預防皮膚病。

將梳子和跳蚤一起浸到水裡

水

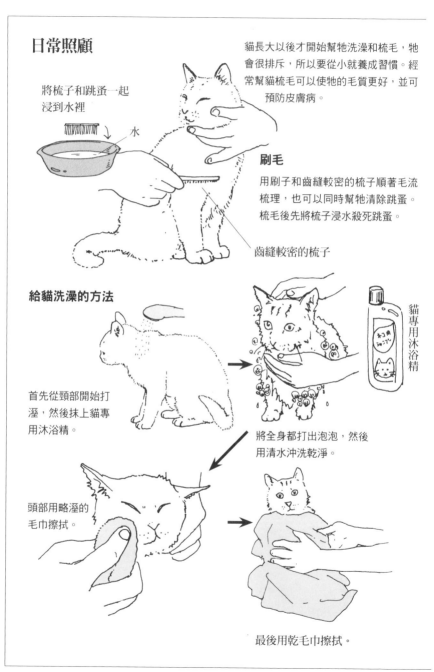

刷毛

用刷子和齒縫較密的梳子順著毛流梳理，也可以同時幫牠清除跳蚤。梳毛後先將梳子浸水殺死跳蚤。

齒縫較密的梳子

給貓洗澡的方法

首先從頸部開始打溼，然後抹上貓專用沐浴精。

貓專用沐浴精

將全身都打出泡泡，然後用清水沖洗乾淨。

頭部用略溼的毛巾擦拭。

最後用乾毛巾擦拭。

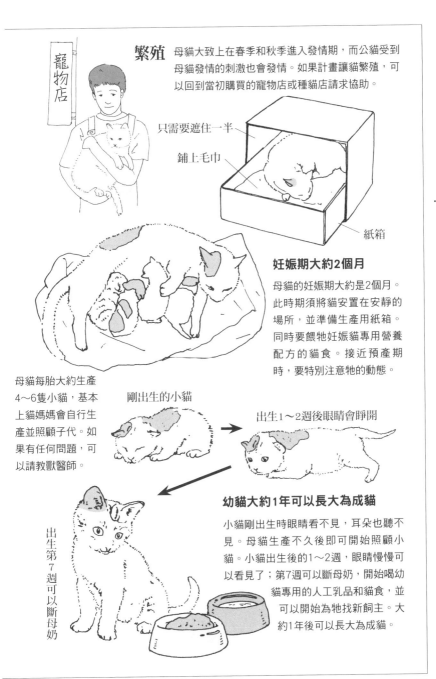

繁殖

母貓大致上在春季和秋季進入發情期，而公貓受到母貓發情的刺激也會發情。如果計畫讓貓繁殖，可以回到當初購買的寵物店或種貓店請求協助。

寵物店

只需要遮住一半

鋪上毛巾

紙箱

妊娠期大約2個月

母貓的妊娠期大約是2個月。此時期須將貓安置在安靜的場所，並準備生產用紙箱。同時要餵牠妊娠貓專用營養配方的貓食。接近預產期時，要特別注意牠的動態。

母貓每胎大約生產4～6隻小貓，基本上貓媽媽會自行生產並照顧子代。如果有任何問題，可以請教獸醫師。

剛出生的小貓

出生1～2週後眼睛會睜開

幼貓大約1年可以長大為成貓

小貓剛出生時眼睛看不見，耳朵也聽不見。母貓生產不久後即可開始照顧小貓。小貓出生後的1～2週，眼睛慢慢可以看見了；第7週可以斷母奶，開始喝幼貓專用的人工乳品和貓食，並可以開始為牠找新飼主。大約1年後可以長大為成貓。

出生第7週可以斷母奶

兔子

飼養要訣

兔子對溼氣和暑氣的抵抗力較差，梅雨季和夏季要特別注意。要經常為牠打掃飼養籠。如果讓牠從籠子裡出來玩的時候，要緊閉家裡的門窗，以避免牠趁機跑出去。

如何取得

取得前

可以到對兔子的生活習性很了解、值得信賴的寵物店購買，或是問問飼養兔子的朋友，是否有剛出生的兔子可以送養。

選擇有元氣的兔子

出生後1個月左右、已斷奶的幼兔是最好飼養的。仔細檢查眼睛、耳朵、肛門等全身各部位，選擇一隻健康有活力的。

兔子可以同時養好幾隻，但是雄兔之間很容易競爭、打鬥。如果將雌兔和雄兔養在一起，則很容易生出小兔子，這是需要考量的地方。

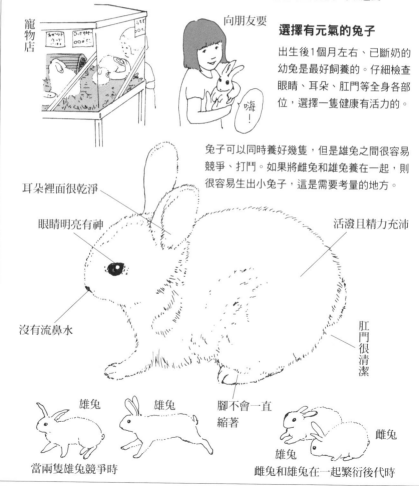

寵物店

向朋友要

嗨！

耳朵裡面很乾淨

眼睛明亮有神

沒有流鼻水

活潑且精力充沛

肛門很清潔

腳不會一直縮著

雄兔　　雄兔

雄兔

雌兔

當兩隻雄兔競爭時

雌兔和雄兔在一起繁衍後代時

兔子的種類

在寵物店購買的兔子都是將野兔經過家畜化的。

荷蘭侏儒兔

體型較小，毛的顏色有許多種。

垂耳兔

特徵是耳朵下垂。

喜瑪拉雅兔

鼻尖、耳朵、尾巴、足尖為黑色或褐色。

安哥拉兔

特徵是有輕盈而柔軟的毛。

飼養必備用具

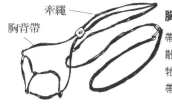

排泄盆

排泄物清除鏟

出入口低

排泄砂

5ℓ

排泄盆和排泄砂

選用出入口較低的排泄盆，進出比較方便。排泄砂可以使用貓咪專用的，此外還要準備一支清除穢物的鏟子。

牽繩

胸背帶

胸背帶和牽繩

帶兔子出門散步，要給牠繫上胸背帶和牽繩。

刷子

每天幫兔子刷毛，可以使牠的毛更有光澤。

穩固的容器

兔子飼料

市售的乾草

餵食

以兔子飼料為主，搭配市售的乾草，以及高麗菜、胡蘿蔔等蔬菜，每天餵食2次。飼料要放在穩固的容器中，飲水也要每天更換。如果只給兔子吃軟的飼料，無法讓牠磨牙，牙齒會長得較快，偶爾可餵食木本植物的果實或小枝子，或另添加兔子專用的餅乾、小點心。

兔子餅乾

水

高麗菜

胡蘿蔔

野花、野草

也可以摘採庭院裡、校園中或空地上的野花、野草，磨碎後當作兔子的食物，例如車前草、蒲公英、白詰草、薺菜等。

車前草

蒲公英

白詰草

薺菜

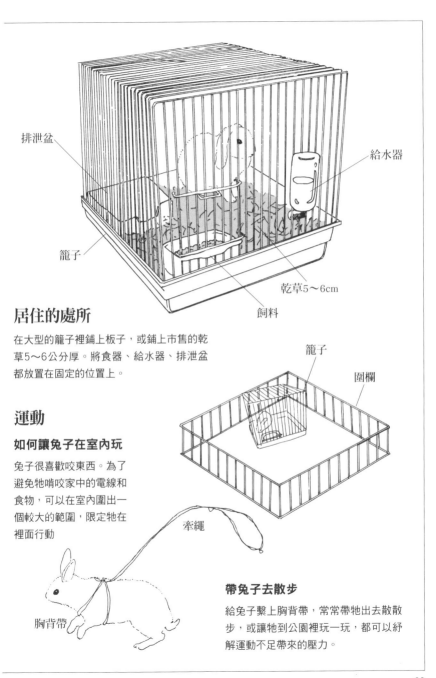

排泄盆

給水器

籠子

乾草5～6cm

飼料

居住的處所

在大型的籠子裡鋪上板子，或鋪上市售的乾草5～6公分厚。將食器、給水器、排泄盆都放置在固定的位置上。

籠子

圍欄

運動

如何讓兔子在室內玩

兔子很喜歡咬東西。為了避免牠啃咬家中的電線和食物，可以在室內圍出一個較大的範圍，限定牠在裡面行動

牽繩

胸背帶

帶兔子去散步

給兔子繫上胸背帶，常常帶牠出去散散步，或讓牠到公園裡玩一玩，都可以紓解運動不足帶來的壓力。

基本訓練課程

雖然兔子和狗或貓不同，沒有需要什麼特殊的訓練，但仍然要從牠小的時候就教導一些生活習慣。

排泄砂3～4cm

排泄砂

排泄盆和排泄砂

在排泄盆裡放入3～4公分厚的砂（用貓砂就可以了）。無論是大小便，只要排泄砂髒汙了，就要立刻清除，以保持環境的衛生。

大小便訓練

要非常有耐心地教，即使牠無法很快學會，也不可放棄。

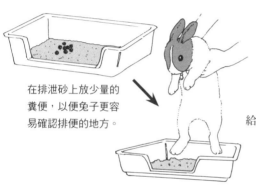

在排泄砂上放少量的黃便，以便兔子更容易確認排便的地方。

給牠吃小點心

如果牠學會了，就用小點心做為獎賞。

發現兔子有便意或開始要排泄時，馬上把牠抱到排泄盆去。

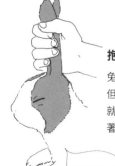

不要揪牠的耳朵

啊！討厭啦！

抱兔子的方法

兔子的本性並不喜歡被人抱著，但如果從小就常常抱著牠，長大就不會排斥主人。不可以直接揪著牠的耳朵提起來。

一手托著牠的背部

一手托著牠的臀部

健康與疾病

與預定的獸醫師見面

兔子還小的時候，就帶牠去見值得信賴的獸醫師，等到真的生病需要治療時，才會有安全感。帶兔子去動物醫院時，可以給牠繫上胸背帶和牽繩直接抱去，也可以放在寵物專用籠裡提去。

牽繩

市售的寵物專用籠

耳朵內部

眼睛

嘴巴

胸背帶

肛門

每天檢查身體狀況

維護兔子的健康是主人的責任。每天都要仔細看看牠的眼睛有沒有過多的分泌物，嘴巴會不會發出臭味，是否有流鼻水的現象，食慾好不好……等等。

日常照顧

刷毛

用小動物專用的刷子，順著毛流為兔子刷毛。

繁殖

兔子的妊娠期大約是1個月，每胎生產4～10隻。如果可以找到新的飼主，才考慮讓牠生寶寶，否則最好避孕。小兔子大約4週可以斷奶。

將雄兔和雌兔分別放在不同的透明箱裡，讓彼此互看。

把懷孕中的兔子放入生產箱，牠會開始拔自己的毛築巢。當兔子的預產期接近時，或剛生出小兔子時，不要經常去探看牠。

等到雙方比較熟悉了，再把牠們移到同一個箱子裡，準備繁殖。

松鼠（花栗鼠）

飼養要訣

松鼠很擅長爬樹，經常上上下下，因此需要準備較大、較高的飼養籠。牠的尾巴很容易折斷，所以不要只抓牠的尾巴。

寵物店

沒有流鼻水

眼睛明亮有神

毛有光澤

尾巴沒有斷掉

肛門很清潔體型不會太瘦

活潑且精力充沛

松鼠是一種在繁殖期以外都喜歡單獨生活的動物，所以最好每次只養1隻。

如何取得

取得前

可以到對松鼠的生活習性很了解、值得信賴的寵物店購買，或是向有飼養松鼠的朋友問問看是否有剛出生的小松鼠。一般來說，初春出生的比較好養。

我有小松鼠要送人。

向朋友要

選擇有元氣的松鼠

出生後2個月左右、已斷奶的幼鼠比較好養。仔細檢查牠的眼睛、耳朵、肛門等全身各部位，挑選一隻活潑健康的小松鼠。

飼養必備用具

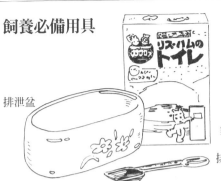

排泄盆

排泄物清除鏟

排泄盆和排泄砂

排泄盆要稍稍大一點、深一點，讓松鼠可以整個身體都在裡面。排泄砂可以直接用貓砂。

貓砂

備用籠

打掃松鼠平日居住的飼養籠時，可以將牠暫時移到備用籠。備用籠不需要太大。

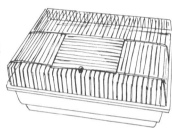

餵食

穩固的容器

以松鼠專用的丸狀人工飼料為主，搭配向日葵的種子，每天餵食2次。有時可以給牠水煮蛋、小魚乾、胡蘿蔔等蔬菜，或蘋果之類的水果。飼料要放在穩固的容器裡，飲水也要天天更換。多給牠吃些堅硬的食物，例如樹枝，否則牙齒一下子就變長了。如果牙齒實在太長了，可以帶到動物醫院去修磨牙齒。

丸狀人工飼料

水煮蛋

小魚乾

葵瓜子

胡蘿蔔　　蘋果

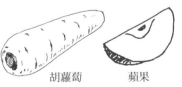

不要餵巧克力、洋蔥，或是辛香料、鹽分高的人吃的食物。

居住的處所

設置較高的籠子，底部先鋪一層報紙，再放入有乾草的市售巢箱、食器、排泄盆、給水器，以及用來攀爬的樹枝。

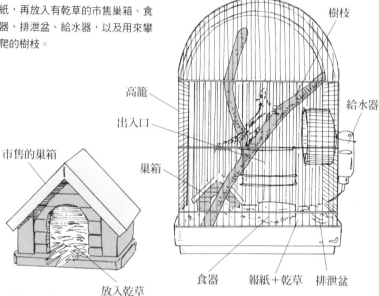

樹枝

高籠

出入口

巢箱

給水器

食器　　報紙＋乾草　排泄盆

市售的巢箱

放入乾草

夜間用布遮蓋

松鼠是一種習慣夜間活動的動物，為了使牠的情緒安定，有正常的睡眠，夜晚將籠子用布蓋住。

備用籠

打掃飼養籠時

為了環境的衛生，要時常打掃籠子。打掃前，先將備用籠的開口對準飼養籠的出入口，然後將松鼠趕到備用籠裡。

基本訓練課程

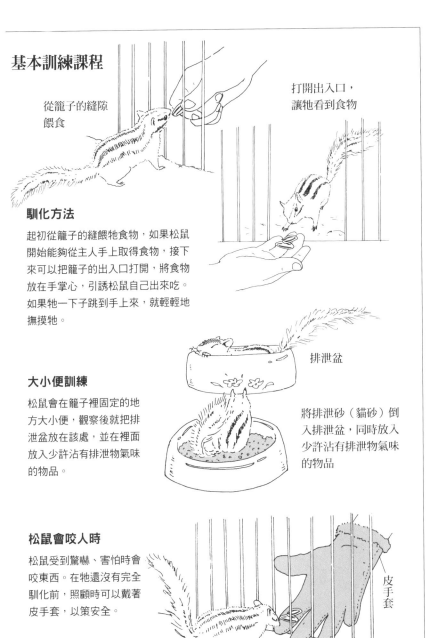

從籠子的縫隙餵食

打開出入口，讓牠看到食物

馴化方法

起初從籠子的縫餵牠食物，如果松鼠開始能夠從主人手上取得食物，接下來可以把籠子的出入口打開，將食物放在手掌心，引誘松鼠自己出來吃。如果牠一下子跳到手上來，就輕輕地撫摸牠。

排泄盆

大小便訓練

松鼠會在籠子裡固定的地方大小便，觀察後就把排泄盆放在該處，並在裡面放入少許沾有排泄物氣味的物品。

將排泄砂（貓砂）倒入排泄盆，同時放入少許沾有排泄物氣味的物品

松鼠會咬人時

松鼠受到驚嚇、害怕時會咬東西。在牠還沒有完全馴化前，照顧時可以戴著皮手套，以策安全。

皮手套

喀喀

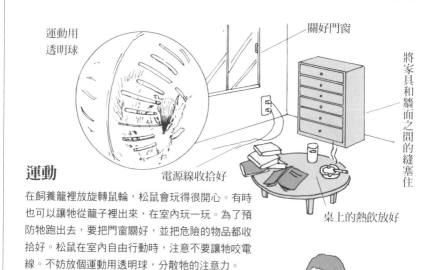

運動用
透明球

關好門窗

電源線收拾好

桌上的熱飲放好

將家具和牆面之間的縫塞住

運動

在飼養籠裡放旋轉鼠輪，松鼠會玩得很開心。有時也可以讓牠從籠子裡出來，在室內玩一玩。為了預防牠跑出去，要把門窗關好，並把危險的物品都收拾好。松鼠在室內自由行動時，注意不要讓牠咬電線。不妨放個運動用透明球，分散牠的注意力。

健康與疾病

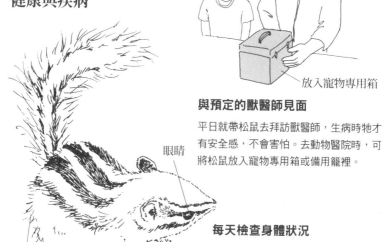

眼睛

肛門

放入寵物專用箱

與預定的獸醫師見面

平日就帶松鼠去拜訪獸醫師，生病時牠才有安全感，不會害怕。去動物醫院時，可將松鼠放入寵物專用箱或備用籠裡。

每天檢查身體狀況

維護寵物的健康是主人的責任。每天檢查一下松鼠的眼睛有沒有過多的分泌物，食慾好不好等等。

日常照顧

哎唷！

不要拉松鼠的尾巴

松鼠的尾巴很容易斷，並且不會再生，千萬不要只抓著牠的尾巴用力拉扯。

做做日光浴

為了預防佝僂症，偶爾讓松鼠做做日光浴。用布蓋住籠子的一側，讓松鼠有遮蔭的地方，然後將籠子移到窗邊或屋外。

如何飼養尚未斷奶的小松鼠

如果飼養的是尚未斷奶的小松鼠，可以在籠子裡多放些乾草。除了丸狀的人工飼料，還可以用開水將狗專用的人工乳稀釋，把麵包或蛋糕泡在裡面餵食。

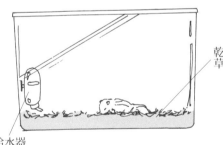

乾草

給水器

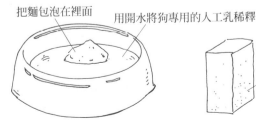

把麵包泡在裡面

用開水將狗專用的人工乳稀釋

蛋糕

91

倉鼠

飼養要訣

倉鼠是一種很容易養的鼠類，可以把牠放在塑膠水槽裡飼養，但由於水槽的通風性不佳，因此要常常打掃。倉鼠是夜行性動物，所以白天可以不必理會牠。

寵物店

如何取得

取得前

可以到對倉鼠的習性很了解、值得信賴的寵物店購買，或是問問有飼養倉鼠的朋友，是否有剛出生的倉鼠可以送人。

向朋友要

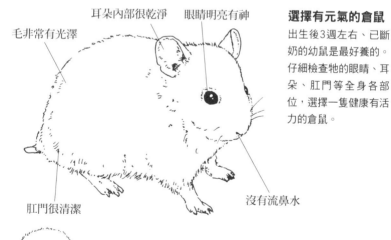

毛非常有光澤

耳朵內部很乾淨　　眼睛明亮有神

肛門很清潔

沒有流鼻水

選擇有元氣的倉鼠

出生後3週左右、已斷奶的幼鼠是最好養的。仔細檢查牠的眼睛、耳朵、肛門等全身各部位，選擇一隻健康有活力的倉鼠。

倉鼠很容易彼此發生衝突，最好每次只養1隻。

倉鼠的種類

可概分為金色中倉鼠類與小型的多瓦夫倉鼠類，
各有好幾個品種。

金色中倉鼠的同類

短毛

毛色、毛質有
許多種。

長毛

也稱為外來種倉鼠。毛色、毛質有
許多種。

多瓦夫倉鼠的同類

加卡利亞倉鼠

背部有一條黑色的紋路，
特徵是足部裡側長著毛。

坎培爾倉鼠

也稱為蒙古倉鼠或西伯利
亞倉鼠，比較容易驚慌。

羅伯羅夫斯基倉鼠

體型最小的倉鼠，
性格比較神經質。

飼養必備用具

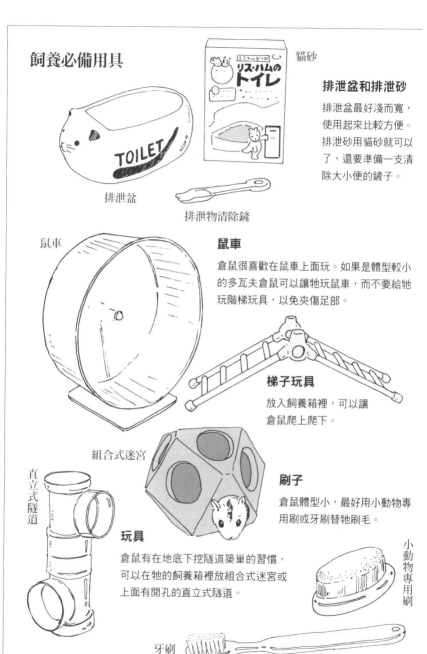

貓砂

排泄盆和排泄砂

排泄盆最好淺而寬，使用起來比較方便。排泄砂用貓砂就可以了，還要準備一支清除大小便的鏟子。

排泄盆

排泄物清除鏟

鼠車

鼠車

倉鼠很喜歡在鼠車上面玩。如果是體型較小的多瓦夫倉鼠可以讓牠玩鼠車，而不要給牠玩階梯玩具，以免夾傷足部。

梯子玩具

放入飼養箱裡，可以讓倉鼠爬上爬下。

組合式迷宮

直立式隧道

刷子

倉鼠體型小，最好用小動物專用刷或牙刷替牠刷毛。

玩具

倉鼠有在地底下挖隧道築巢的習慣，可以在牠的飼養箱裡放組合式迷宮或上面有開孔的直立式隧道。

小動物專用刷

牙刷

餵食

以倉鼠飼料為主，可另外搭配向日葵種子、乳酪、高麗菜等，每天餵食1次。飼料要放在穩固的容器裡，以免活動力強的倉鼠打翻。飲水也要每天更換，注意不要餵食巧克力，以及有過高鹽分和辛香料的人吃的食物。

穩固的容器

向日葵種子

乳酪

倉鼠飼料

水

蘋果

高麗菜

居住的處所

如果把小倉鼠養在籠子裡，牠的腳容易被夾住，所以最好用透明的塑膠箱（水槽）來養。先在箱子的底部鋪一層報紙，再鋪上5～6公分厚市售的乾草，放入巢箱、食器、給水器，最後將排泄盆放在角落。

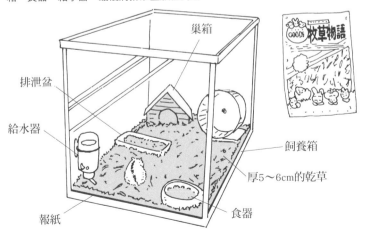

巢箱

排泄盆

給水器

飼養箱

厚5～6cm的乾草

報紙

食器

運動

讓倉鼠離開飼養箱，在室內玩耍時，要將門窗關起來，以免牠跑出去。特別注意不要讓倉鼠啃咬電源線，家具與牆面之間的縫隙也要塞好，避免牠躲在裡面不出來。不妨準備一個運動用的透明球讓牠玩，以分散牠的注意力。

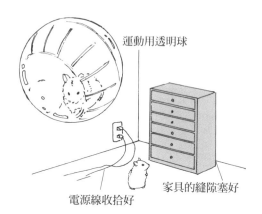

運動用透明球

電源線收拾好

家具的縫隙塞好

抱倉鼠的方法

一般來說，小巧的動物都十分靈活。不要站著抱倉鼠，否則摔落的話很容易受傷。盤腿坐下來，用雙手將牠捧在手心裡是最安全的，並且不要抓得太緊，以免讓牠感覺不舒服而逃跑。

健康與疾病

與預定的獸醫師見面

平日就帶倉鼠去拜訪獸醫師，生病時牠才不會感到陌生而害怕。去動物醫院時，可將倉鼠放入寵物專用箱。

眼睛

耳朵內部

嘴巴

肛門

食慾很好

每天檢查身體狀況

維護寵物的健康是主人的責任。每天檢查一下倉鼠的眼睛有沒有過多的分泌物，食慾好不好等等。

日常照顧

刷毛

順著倉鼠的毛流，用小動物專用刷或牙刷為
牠刷毛，不但可以使牠的毛更有光澤，也可
以促進皮膚的血液循環。

血管

指甲刀

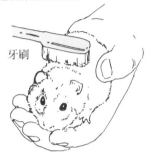
牙刷

如何幫倉鼠剪趾甲

當倉鼠的趾甲太長時，
要幫牠修剪。可以直接
用我們一般的指甲刀，
小心不要剪到有血管通
過的地方。

繁殖

倉鼠長大後不可以再全部關在一起養，而要一隻一隻分開。如果自己沒有信心
飼養剛出生的小倉鼠，就不要讓雌鼠、雄鼠在一起繁殖。倉鼠的妊娠期大約是
2週，每胎生產4～12隻，小倉鼠大約3週可斷奶。

將雌鼠、雄鼠分開飼養，先讓牠
們隔著透明箱慢慢適應彼此。

將雌鼠移回原來的飼養箱，妊娠期間牠會
開始在巢箱中築巢。接近雌鼠的預產期或
是牠正在生產時，不要一直靠近窺探。

經過一段時間，再將雌鼠、雄鼠放在一起。

土撥鼠

飼養要訣

土撥鼠又稱為天竺鼠，是原產於南美洲的齧齒類動物。牠的體內無法合成維生素C，因此必需多餵含有大量維生素C的蔬果。

如何取得

取得前

可以到對土撥鼠的習性很了解，並且值得信賴的寵物店購買。

選擇有元氣的土撥鼠

生出後2～3週的土撥鼠較好飼養。購買前要仔細檢查牠的眼睛、耳朵、肛門等全身各部位，選擇一隻活潑、健康的。

眼睛明亮有神

毛色有光澤

食慾很好

肛門很清潔

打架爭鬥時

雄鼠

雄鼠

繁殖後代時

雄鼠

雌鼠

土撥鼠是一種喜歡群體生活的動物，但是雄鼠在一起經常會爭鬥，如果把雌鼠、雄鼠養在一起，又很容易大量繁殖，所以最好每次只養1隻。

餵食

以市售的土撥鼠飼料為主，可另外搭配高麗菜、白菜、胡蘿蔔等蔬菜，或是柑橘、蘋果、奇異果等水果，偶爾還可以再加一些小魚乾或乳酪。土撥鼠的活動力很強，飼料最好放在穩固的陶製器皿中，飲水也要每天更換。注意不要餵洋蔥之類的刺激性食物，或是含有較多鹽分、辛香料的人吃的食物或零嘴。

穩固的容器

土撥鼠飼料

水

小魚乾

高麗菜或白菜

柑橘

蘋果

居住的處所

準備高度較高的籠子，而且要盡量大些。籠子底部鋪上乾草，並將食器和給水器放在固定的位置。雖然土撥鼠無法做大小便訓練，但是為了讓牠盡量在同一個地方排泄，不妨在籠子裡放個排泄盆。

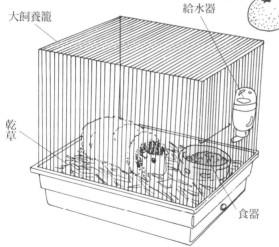

大飼養籠

給水器

乾草

食器

夜晚用布遮蓋

土撥鼠是夜行性動物，為了讓牠配合我們的作息，夜晚不要活動，能夠安靜地睡眠，可以在籠子外面罩上黑布。如果牠的情緒不穩定，可以放個巢箱。

市售的巢箱

運動

有時讓牠在室內玩耍

為了避免運動量不足，有時可以讓牠從籠子裡出來，在室內玩一玩。這時要將門窗都關起來，以免牠跑出去，危險的物品也要收拾好。此外，土撥鼠有啃咬東西的習慣，家中的電源線要保護好。

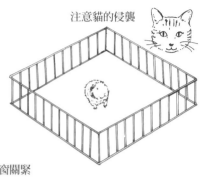

注意貓的侵襲

家中門窗關緊

觀葉植物移到別處

電源線保護好

熱飲不要放在桌上
煙灰缸收起來

健康與疾病

與預定的獸醫師見面

平日就帶飼養的土撥鼠去與獸醫師見面，生病時牠才不會感到陌生、害怕。去動物醫院時，可將牠放在寵物專用箱裡。

放入寵物專用箱

每天檢查身體狀況

維護寵物的健康是主人的責任。每天檢查一下土撥鼠的眼睛是否有過多的分泌物，食慾好不好，糞便是否過稀等等。

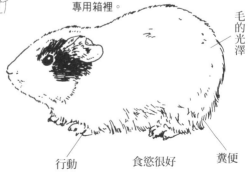

毛的光澤

行動　　食慾很好　　糞便

日常照顧

抱土撥鼠的方法

土撥鼠是一種性格很溫和的動物，抱的時候非常輕鬆。為了使牠感到安心，可以坐在椅子上，這樣比較穩定。

坐在椅子上，將土撥鼠放在膝上，用雙手托住。

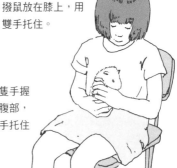

可以一隻手握住牠的腹部，另一隻手托住臀部。

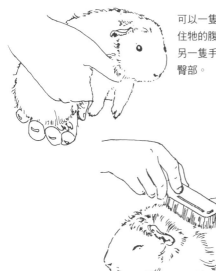

刷毛

為了預防皮膚病，每天都要幫土撥鼠刷毛。如果毛有打結或黏住的情形，先用手指輕輕剝開再刷。刷的時候要順著牠的毛流。

身體髒汙時

如果土撥鼠身上有刷子刷不掉的髒汙，可以用溼毛巾擦拭。為土撥鼠清潔身體，不需要用到沐浴精。

將毛巾打溼後擰乾。

輕輕幫牠擦拭身體。

烏龜

飼養要訣

盡量養在較大的水槽中，並時常做日光浴。

如何取得

在寵物店或水族店買的大多是赤耳龜或草龜。購買時要選擇不停游來游去、活動力強的。
※赤耳龜的幼龜也叫綠龜。

選擇活潑、活動力強的

飼養箱‧飼料

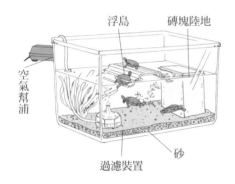

浮島　　磚塊陸地

空氣幫浦

過濾裝置　　砂

飼養成龜時

配方飼料

飼養體長10公分以上的成龜時，飼養箱裡的過濾器有可能被破壞，水草也一下子就死了。因為砂很快就會髒掉，所以只要把水放五分滿，再放一塊讓牠爬出水面的石頭就可以了。

餵食

以配方飼料為主，偶爾可搭配生的肝臟或整隻小魚（淡水魚）。

飼養幼龜時

在高45公分以上的水槽中，放入五分滿的水，並以磚塊或石頭當作陸地，也可以直接用市售的浮島。如果覺得水槽太過單調，還可以放入岩石等裝飾。

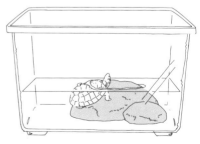

日常照顧

注意水位的高度

如果水槽裡的水因蒸發導致水位過低，烏龜會無法上到陸地來。水位過低時，要記得加水。

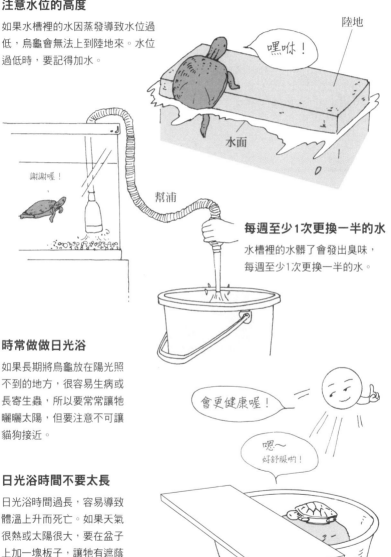

陸地

嘿咻！

水面

謝謝喔！

幫浦

每週至少1次更換一半的水

水槽裡的水髒了會發出臭味，每週至少1次更換一半的水。

時常做做日光浴

如果長期將烏龜放在陽光照不到的地方，很容易生病或長寄生蟲，所以要常常讓牠曬曬太陽，但要注意不可讓貓狗接近。

會更健康喔！

嗯～
好舒服喲！

日光浴時間不要太長

日光浴時間過長，容易導致體溫上升而死亡。如果天氣很熱或太陽很大，要在盆子上加一塊板子，讓牠有遮蔭的地方，以調節體溫。

蜥蜴・草蜥

飼養要訣

蜥蜴和草蜥都是肉食性動物，主要是吃活的東西，所以給牠們食物時不需要切碎。蜥蜴和草蜥可以自行在體內合成維生素D，因此日光浴是不可或缺的。

如何取得

庭院裡、公園中，或是小河邊，經常可以發現牠們的蹤影，可以帶著網子直接去採集。蜥蜴會自行斷尾逃跑，捕捉時要特別注意。

飼養箱

需要養在60公分以上的水槽裡。先在水槽底部鋪上一層砂，接著放置半個破掉的缽盆當作遮蔽所，然後將裝水的容器、保溫用的電燈都安置好（夜間電燈要關掉），也可以另外添加岩石、流木、觀葉植物等等，使環境豐富。整個飼養箱要放在溫暖的地方。

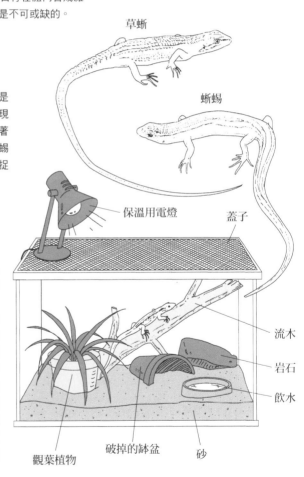

草蜥

蜥蜴

保溫用電燈

蓋子

流木

岩石

飲水

破掉的缽盆

砂

觀葉植物

餵食

蜥蜴和草蜥只吃活的小生物，可以到水族店購買作為飼料用的蟋蟀、麵包蟲，或是自己到野外採集。也可以餵牠羽化的果蠅。

蟋蟀

果蠅

麵包蟲

可以將雞肉或豬肉切成小塊，用鑷子夾著，輕輕點蜥蜴或草蜥的鼻尖，如果牠有想吃的反應再餵牠，十分有趣喔。

日常照顧

每天讓牠曬1小時左右的太陽。飼養箱上面蓋著不透明的板子，效果比較不好，可以用金屬網格，讓太陽曬進飼養箱裡。

金屬網格

如果不方便將水槽移到室外曬太陽，可以到水族店或熱帶魚店購買螢光燈管，安裝在熱帶魚用的螢光燈上，一天照射10小時左右，效果和日光浴不相上下。

熱帶魚用螢光燈

螢光燈管

幫蜥蜴和草蜥越冬

到了冬季，可以讓蜥蜴和草蜥過冬。在水槽裡放腐葉土和落葉，然後移到玄關氣溫較低的地方（約5～10度）。記得時常用噴筒在腐葉土上噴水。

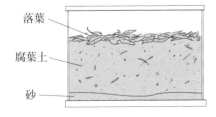

落葉

腐葉土

砂

蛙卵・蝌蚪

飼養要訣

飼養蛙卵和蝌蚪不是困難的事，但是一旦長成青蛙以後，因為牠只吃活的小生物，所以會想要返回河川或池塘裡。

如何取得

春季到夏季，在河川或池塘等水邊的草裡，很容易找到蛙卵和蝌蚪。如果把全部的卵帶回家，會孵化出數量太多的蝌蚪，只要帶一部分即可。

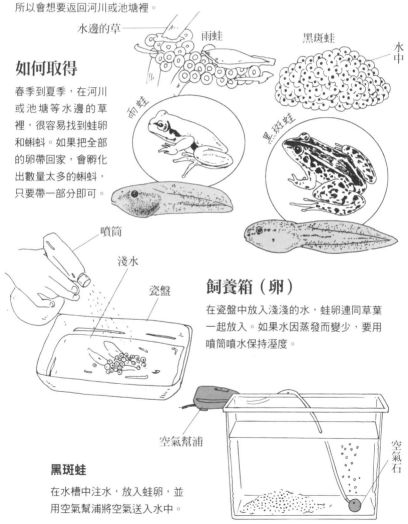

水邊的草

雨蛙

黑斑蛙

水中

雨蛙

黑斑蛙

噴筒

淺水

瓷盤

飼養箱（卵）

在瓷盤中放入淺淺的水，蛙卵連同草葉一起放入。如果水因蒸發而變少，要用噴筒噴水保持溼度。

空氣幫浦

空氣石

黑斑蛙

在水槽中注水，放入蛙卵，並用空氣幫浦將空氣送入水中。

飼養箱・飼料（蝌蚪）

當蛙卵孵化為蝌蚪，就要移入水槽飼養。蝌蚪一開始是吃植物，隨著漸漸長大，會變成肉食性，可餵給牠鱂魚和熱帶魚的配方飼料。此外，槽裡的水髒汙混濁了就要換乾淨的。

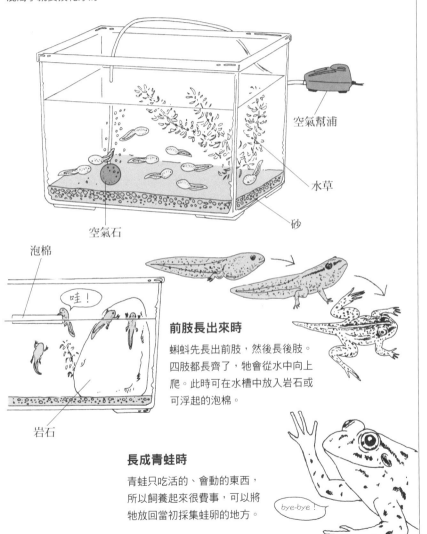

空氣幫浦

水草

砂

空氣石

泡棉

哇！

岩石

前肢長出來時

蝌蚪先長出前肢，然後長後肢。四肢都長齊了，牠會從水中向上爬。此時可在水槽中放入岩石或可浮起的泡棉。

長成青蛙時

青蛙只吃活的、會動的東西，所以飼養起來很費事，可以將牠放回當初採集蛙卵的地方。

bye-bye！

動物離家後會如何？

有時候打掃飼養箱或是剛好一個不注意，家中飼養的小動物就一溜煙地跑掉了。有的則是飼主不想再繼續養下去，或是對小動物厭膩了，會把牠們丟棄在山裡。最後，這些動物的命運多半不是餓死，就是在交通事故中遭到意外。

當然其中也有的能夠僥倖存活下來，並找到異性伴侶，開始繁衍下一代。然而，像這種繁殖力超強的動物會打亂原本的生態系，對原來生存在那裡的野生動物產生壓迫。

例如在日本，野生化的浣熊以及對各地湖泊造成嚴重問題的黑巴斯魚（大口鱸），都是原本不存在於日本的生物，而牠們也是造成日本稀有動物滅絕的原因。

總之，飼養動物之前要慎重考慮，不要一時衝動，卻沒有負起照顧的責任，這樣是會對自然環境帶來很大威脅的。

我是北美浣熊，是從加拿大來的。

我是黑巴斯魚。我的故鄉好像是北美洲。

昆蟲等

昆蟲的採集

採集方式

採集地面上的昆蟲

一手拿著捕蟲網的竿子，
另一手抓起網子不要垂下去，
對準昆蟲罩住。

捕蟲網

採集草上的昆蟲

在草的上方揮動捕蟲網，
使昆蟲進入網內。

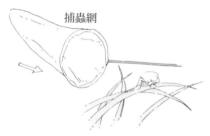

捕蟲網

採集樹葉上的昆蟲

將捕蟲網放在昆蟲的下方，
用棒子敲打葉子，使昆蟲落
入網中。

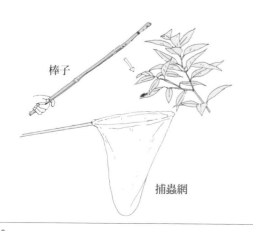

棒子

捕蟲網

採集葉子上的小昆蟲

用瓶蓋將昆蟲趕入瓶子裡。

蓋子

空瓶

將卵或蛹連同枝葉一同採集

將附有卵或蛹的枝葉一起採集下來。不要將枝葉折斷，用浸溼的衛生紙包住根部。

塑膠容器

浸溼的衛生紙

採集箱

浸溼的衛生紙

網子

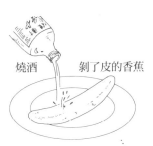

燒酒　　剝了皮的香蕉

自製樹液吸引昆蟲

將香蕉、鳳梨切片並淋上燒酒，放置1天以上，使其發酵。將發酵後的水果放入網袋，掛在樹上，會讓昆蟲以為它是甜美的樹液，而紛紛靠過來。用這個方法，可以很容易採集到鍬形蟲和獨角仙。

行走在地面上的昆蟲

將2個寶特瓶從中間切開，其中一個放入食物，第二個從後面套在一起。為了使昆蟲方便進入，可在第二個瓶子裡放些土。把整組瓶子放在泥土地上或草地上，很容易引誘昆蟲進入。

寶特瓶

切開

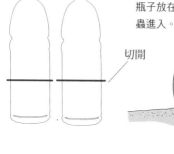

套入

飼料

土

躲在水草裡的水生昆蟲

用網子從水草的根部連泥土一起舀起來，就可以採集到水生昆蟲。

水草

網子

寶特瓶

自製捕蟲器

將寶特瓶如左圖切開，下半部的瓶身裡放入食物和一塊鎮石，上半部的瓶口套入瓶身，再打洞穿上繩子，放入水中即可捕捉到水中生物。

切開

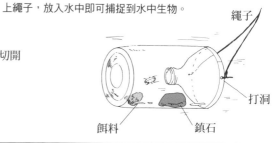

繩子

打洞

餌料

鎮石

將昆蟲帶回家的方法

放入採集箱

將採集到的昆蟲直接放入採集箱，裡面同時放些草或葉子，讓昆蟲以為是可以掩蔽的地方。注意不要同時放入太多昆蟲，以免互相打鬥。

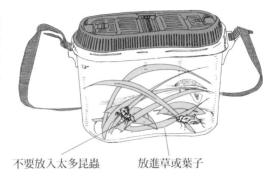

不要放入太多昆蟲　　放進草或葉子

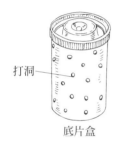

打洞

底片盒

放入底片盒

較小的昆蟲可以放入打了洞的底片盒裡。

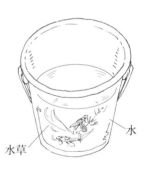

放入水桶

如果是採集到需要用鰓呼吸的昆蟲，如水薑，可以放在裝有水和水草的桶子裡。

水

水草

塑膠袋

溼潤的水草

呼吸空氣的水生昆蟲

田鱉、龍蝨等生活在水中的昆蟲，也是要呼吸的。採集到牠們以後，可以放在裝了水或是只有裝溼潤水草的塑膠袋裡帶回去。

飼養昆蟲的基本知識

營造和原始棲息地相近的環境

當我們將昆蟲從大自然採集回來，飼養在家裡時，最好營造出一個盡量與牠原來生活的場所相近的環境，這也是飼養昆蟲最基本的守則。此外，飼養前一定要了解昆蟲的相關生態知識。

飼料要每天更換

經常有人開始飼養昆蟲時興致勃勃，漸漸失去新鮮感以後就意興闌珊。
飼養箱的環境惡化始於飼料，如果腐敗的食物不清除，會長出黴菌，
因此要每天更換飼料。

腐敗的飼料要
立刻更換。

要經常換水

飼養水生昆蟲要特別注重水質的管理。吃剩的食物和昆蟲排出的糞便會使水質髒汙，最好每2週換掉一部分的水，新換的水要先用日光照射1天以脫除氯氣。

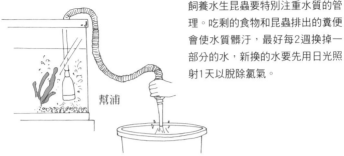

幫浦

只吃活的生物的肉食性昆蟲

在空瓶中放入香蕉，會產生出果蠅，可以用半統絲襪罩住瓶口採集下來，當作肉食性昆蟲的食物。

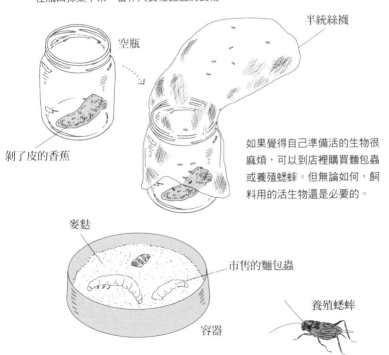

空瓶

半統絲襪

剝了皮的香蕉

如果覺得自己準備活的生物很麻煩，可以到店裡購買麵包蟲或養殖蟋蟀。但無論如何，飼料用的活生物還是必要的。

麥麩

市售的麵包蟲

養殖蟋蟀

容器

獨角仙（幼蟲）

飼養要訣

要妥善管理飼養用的昆蟲土的溼度，以免長黴菌或壁蝨。

如何取得

可以在秋天時到雜樹林裡挖開腐葉土或堆肥找找看，或是到店裡購買。

飼養箱（幼蟲）

飼養箱裡鋪上噴溼的昆蟲土及腐葉土15～20公分厚。昆蟲土和腐葉土可以作為幼蟲的食物。

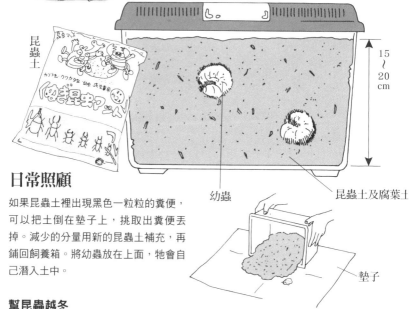

昆蟲土

15～20cm

幼蟲

昆蟲土及腐葉土

墊子

日常照顧

如果昆蟲土裡出現黑色一粒粒的糞便，可以把土倒在墊子上，挑取出糞便丟掉。減少的分量用新的昆蟲土補充，再鋪回飼養箱。將幼蟲放在上面，牠會自己潛入土中。

幫昆蟲越冬

12月～3月期間，將飼養箱移到溫度變化較小的地方，讓昆蟲越冬。

飼養箱（蛹）

長大的3齡幼蟲，會在5～6月左右在飼養箱的下方築出蛹室，變身為蛹。成蛹之後的2～3週內會羽化。

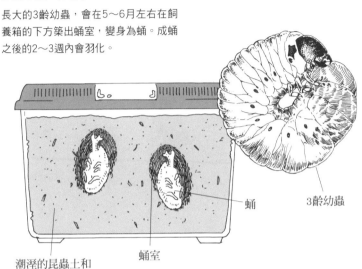

3齡幼蟲

蛹

蛹室

潮溼的昆蟲土和腐葉土

日常照顧

時常補充水分

為了不使昆蟲土變得乾燥，要常常用噴筒補充水分。

噴筒

當蛹室損壞時

在廣口瓶中放入潮溼的園藝用黑土，做出直徑3～4公分、高5～8公分的人工蛹室，並將蛹放在裡面。

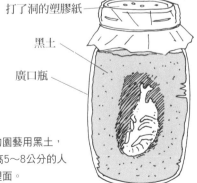

打了洞的塑膠紙

黑土

廣口瓶

獨角仙（成蟲）

飼養要訣

因為雄性獨角仙在一起會打鬥，最好是用較小的飼養箱，將雌蟲、雄蟲一對一對分開養。

如何取得

到雜樹林裡看看有沒有分泌樹液的櫟樹，然後在夜間去採集。如果是白天，在樹根附近的土壤中或許可以發現牠們。此外，可以到店裡購買獨角仙和飼養箱的組合。

飼養組合

雜樹林

棲木

昆蟲果凍

蘋果

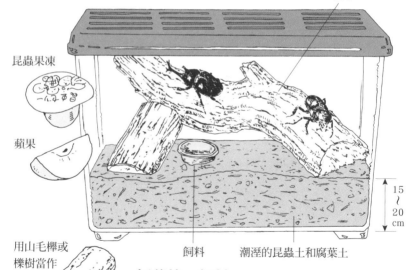

15～20cm

用山毛櫸或櫟樹當作棲木

飼料　潮溼的昆蟲土和腐葉土

飼養箱·飼料

將市售的昆蟲土或腐葉土噴溼後鋪在飼養箱裡，厚度約15～20公分，並放入棲木，供昆蟲攀爬棲息。可以給牠昆蟲果凍或蒟蒻果凍當作飼料，偶爾搭配新鮮的蘋果或香蕉。

日常照顧

時常補充水分

為了不使昆蟲土過於乾燥，常常用噴筒補充水分。

產卵時

發現飼養箱裡有獨角仙的卵或殘骸，要將昆蟲土全部倒出來挑出它們。

塑膠容器

蟲卵

打了洞的塑膠紙

飼養方法相同的昆蟲

銅花金龜、花潛金龜、金龜子

注意壁蝨

如果發現獨角仙身體上有壁蝨，要用鑷子夾掉，也可以用筆或牙刷輕輕挑掉。

怎麼了？

鑷子

飼養箱裡有壁蝨，要立刻清洗乾淨，並且換上新的昆蟲土和所有的物品。

不要直接用手接觸蟲卵或殘骸，可以用湯匙把它舀出來。

蟲卵

湯匙

在塑膠容器中放入潮溼的昆蟲土，將蟲卵放在土的表面上。用塑膠紙蓋住整個容器，蟲卵大約會在2週左右孵化。

潮溼的昆蟲土

鍬形蟲（幼蟲）

飼養要訣

鍬形蟲的幼蟲會互相打鬥，最好
每隻單獨養。幼蟲長成成蟲大約
要3年，要非常有耐性地照顧。

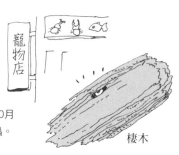

如何取得

如果朋友飼養的鍬形蟲產卵的話，可以在10月
左右取出棲木，仔細找找看上面是否有幼蟲。
此外，也可直接到店裡購買。

棲木

飼養箱・飼料

將昆蟲土和腐葉土噴溼，放入廣口瓶，並用棒子壓緊。
將昆蟲放在昆蟲土的表面上，牠自己會慢慢潛入土中。
廣口瓶上用塑膠布覆蓋，並在上面打洞。

打洞的塑膠紙

棒子

昆蟲土

廣口瓶

潮溼的昆蟲土

幼蟲

日常照顧

時常補充水分

為了不讓廣口瓶裡的土乾掉，要經常用噴筒補充水分。鍬形蟲的幼蟲期約1～3年，經過反覆蛻皮，長成3齡幼蟲。

噴筒

更換飼料

如果幼蟲粉狀的糞便漸漸多了，要將舊的昆蟲土倒出來。揀出幼蟲後，留下1/4舊的昆蟲土，另外3/4以新的取代，並充分攪拌均勻，再放回廣口瓶裡壓緊。最後把幼蟲放在土的表面，讓牠自己潛入土中。

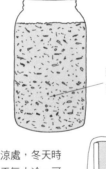

新的昆蟲土＋
舊的昆蟲土

飼養瓶的放置場所

夏天時要放在太陽直射不到的蔭涼處，冬天時則放在暖氣吹不到的場所。如果天氣太冷，可將飼養瓶放入紙箱，用布蓋上。

布

飼養瓶

紙箱

潮溼的昆蟲土

橫長的蛹室

塑膠容器

打了洞的塑膠紙

當蛹室損壞時

長大的幼蟲到了秋天會在土中建造蛹室，然後變身為蛹。如果此時蛹室損壞了，趕快找一個塑膠容器，放入潮溼的昆蟲土，並在土裡做一個橫長形的人工蛹室，然後將蛹放進去。塑膠容器上要覆蓋打了洞的塑膠紙。

鍬形蟲（成蟲）

飼養要訣

鍬形蟲的成蟲和獨角仙不同，牠可以活上好幾年。
因為雄性鍬形蟲在一起會打鬥，最好是用較小的飼養箱，將雌蟲、雄蟲一對一對分開養。

飼養組合

如何取得

到雜樹林裡看看有沒有分泌樹液的櫟樹，然後在夜間去採集。如果是白天，在樹根附近的土壤中或許可以發現牠們。此外，可以到店裡購買鍬形蟲和飼養箱的組合。

雄　　　雌

雜樹林

蓋上蓋子

昆蟲果凍

櫟樹棲木

5
〜
10
cm

潮溼的昆蟲土或腐葉土

棲木一半插在土裡

昆蟲土

飼養箱・飼料

將市售的昆蟲土或腐葉土噴溼後鋪在飼養箱裡，厚度約5～10公分。棲木浸水後放入，一半插在昆蟲土中。可以給牠昆蟲果凍或蒟蒻果凍作食物。

日常照顧

時常補充水分

為了使昆蟲土保持溼潤，可以用噴筒補充水分。

噴筒

幫鍬形蟲越冬

成蟲會鑽入昆蟲土中越冬，將飼養箱移到玄關等溫度變化較小、且暖氣吹不到的地方。

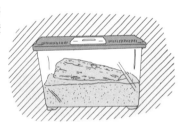

產卵時

鍬形蟲會在夏季到秋季在棲木的周圍產卵。將卵小心地取出來。

塑膠容器　　　蟲卵

在塑膠容器裡鋪上潮溼的昆蟲土，將蟲卵放在上面，並蓋上打了洞的塑膠紙。卵大約3週會孵化。

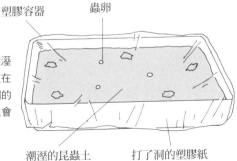

潮溼的昆蟲土　　　打了洞的塑膠紙

蚱蜢

飼養要訣

東亞飛蝗的幼蟲和成蟲同樣都是吃稻科植物。車飛蝗、精靈飛蝗的飼養方式和東亞飛蝗相同。負飛蝗可以餵給艾草和山菠菜。蚱蜢（蝗蟲）的彈跳力很強，餵食或打掃飼養箱時，要小心牠跳出去。

如何取得

夏季至秋季時到草地上找找看，發現蚱蜢時可以用網子連蟲帶草一起採集。

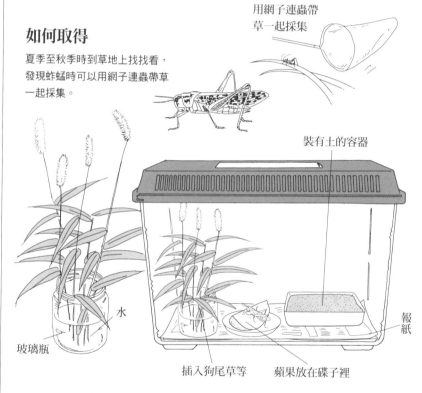

用網子連蟲帶草一起採集

裝有土的容器

玻璃瓶

水

插入狗尾草等

蘋果放在碟子裡

報紙

飼養箱・飼料

先在飼養箱底部鋪紙，放入裝有飼料和產卵用土的塑膠容器。此外，可以將狗尾草、牛筋草等稻科植物插在玻璃瓶裡當作飼料。有時也可以將蘋果切片放在碟子裡。

飼養箱

大的透明塑膠袋

日常照顧

更換飼料和打掃時

更換飼料或飼養箱底部的紙時，要先用大的透明塑膠袋罩住整個飼養箱。

產卵

秋季時，雌蟲會將腹部插入土中產卵。

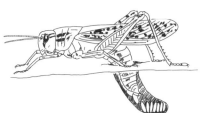

打了洞的塑膠紙

幫蚱蜢越冬

將有蟲卵的容器放入打掃乾淨的飼養箱中，並罩上打了洞的塑膠紙。將飼養箱移到溫度變化較小的場所，大約春天時會孵化。

有蟲卵的容器

螳螂

飼養要訣

每個卵囊可以孵化100隻以上的幼蟲。屬於肉食性昆蟲，只吃活的小生物，因此飼料要確實保存。要注意的是，沒有食物時，螳螂會彼此相殘，吃掉同住在一起的同伴，所以不要把很多隻養在一起。

如何取得

從冬季到春季，可以到山野中採集上面附有卵囊的樹枝或枯草。

卵囊

飼養箱（卵）

將附有卵囊的樹枝插在玻璃瓶裡，放入飼養箱中。為了保持溼度，旁邊可以放一盤水。如果飼養箱不夠高的話，可以將它直立起來。此外，如果將飼養箱放在室內，可能會發生卵囊在食物缺貨的嚴冬中孵化的情形，所以飼養箱最好放在屋外。

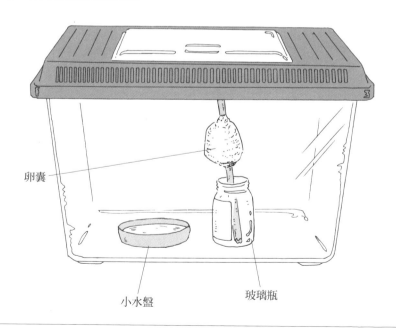

卵囊

小水盤

玻璃瓶

飼養箱・飼料（幼蟲）

當卵孵化時

一個卵囊可以孵化出100隻以上的幼蟲，可以只挑選其中10隻，其餘的予以丟棄。

將樹枝和飼料放入飼養箱中，並蓋上網眼較細的布。由於幼蟲長大後，食物的取得很不容易，可以觀察過牠的成長過程後予以放生。

如何準備飼料

在玻璃瓶裡放入水果，然後移到室外，會引誘果蠅來產卵。將水果連同玻璃瓶放入飼養箱，卵會從蛆羽化為果蠅，當作螳螂的飼料。

好擠！

玻璃瓶

香蕉或蘋果

網眼較細的布

噴筒

飼料

樹枝

日常照顧

經常補充水分

為了保持飼養箱裡的溼度，可以用噴筒補充水分。

127

蟋蟀

飼養要訣

蟋蟀屬於雜食性昆蟲，可以餵蔬菜，也可以餵小魚乾，飼養起來很有樂趣。因為牠們會彼此相殘，所以不要在同一個飼養箱裡養許多隻。

如何取得

從夏季到秋季，在庭院或空地的石頭下面，或草地上找找看。其中雌蟋蟀有產卵管。

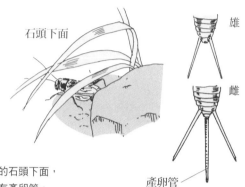

石頭下面

雄

雌

產卵管

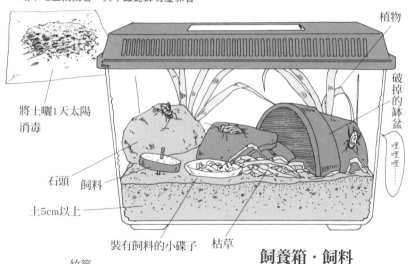

植物

破掉的鉢盆

哩哩哩……

將土曬1天太陽消毒

石頭　飼料

土5公分以上

裝有飼料的小碟子　枯草

竹籤

茄子

小魚乾

柴魚片

飼養箱・飼料

飼養箱中鋪上深5公分以上的土，並放置石頭、破掉的鉢盆、枯草，再種一兩株植物。可以餵食茄子、黃瓜、小魚乾、柴魚片等等。飼料不要直接放在土上。

128

日常照顧

經常補充水分

為了不使飼養箱中乾燥，可經常以噴筒補充水分。但要注意的是，不要過分潮溼，以免發霉。如果因為長黴菌或昆蟲的糞便使土汙髒，要更換新土。

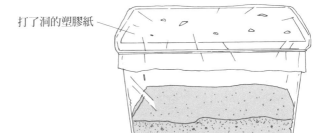

產卵

雌蟲會將產卵管插入土中產卵。

打了洞的塑膠紙

幫蟋蟀越冬

如果土中有成蟲的殘骸要予以除去，糞便或吃剩的飼料要定期清理。飼養箱用打了洞的塑膠紙覆蓋後，移到溫度變化小的地方。到了春天，揭掉塑膠紙，等待蟲卵孵化。

金鐘兒

飼養要訣

金鐘兒（日本鐘蟋）是雜食性昆蟲，蔬菜和小魚乾都可以吃，或是直接餵食市售的飼料，十分方便又有樂趣，但不要將許多隻金鐘兒養在同一個飼養箱裡。

如何取得

最簡單的就是直接到店裡去購買。雄性的身體比較寬，且翅膀上有較複雜的花紋，雌性的則有產卵管。

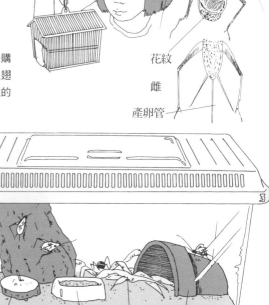

雄

花紋

雌

產卵管

市售的金鐘兒飼料

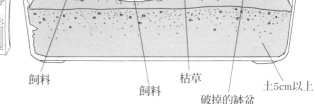

棲木

飼料

飼料

枯草

破掉的缽盆

土5cm以上

飼養箱・飼料

在飼養箱中鋪上深5公分以上的土。上面在放置破掉的缽盆、枯草、棲木等。市售的飼料放在小碟子裡，黃瓜可以用竹籤插立在土上。

飼養箱裡的土很容易汙髒，食物不要直接放在土上。有時也可搭配小魚乾或柴魚片。

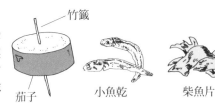

竹籤

茄子

小魚乾

柴魚片

日常照顧

經常補充水分

除了要勤於清除糞便，還要經常用噴筒補充水分，以免土過於乾燥。

噴筒

清除糞便

很明顯看到糞便時，可以用毛筆清除。

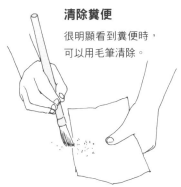

產卵

雌蟲會將產卵管插入土中產卵。

幫金鐘兒越冬

如果土中有成蟲的殘骸要予以除去，糞便或吃剩的飼料要定期清理。飼養箱用打了洞的塑膠紙覆蓋後，移到溫度變化小的地方。到了春天，揭掉塑膠紙，等待蟲卵孵化。

打了洞的塑膠紙

131

瓢蟲

飼養要訣

常見的異色瓢蟲、七星瓢蟲，無論成蟲或幼蟲都是肉食性的，因此要確實保存足夠的飼料。

如何取得

春季或夏季時，可以到庭院中或空地的雜草堆裡找找看。如果發現瓢蟲的成蟲，可以將底片盒向下，然後用蓋子將牠趕進去。

飼養箱・飼料（成蟲）

附有蚜蟲的野薔薇、羊蹄、烏野豌豆等的植物插入裝有水的玻璃瓶裡，然後放進大的廣口瓶中。為了避免瓢蟲跑掉，在瓶口覆上紗布。

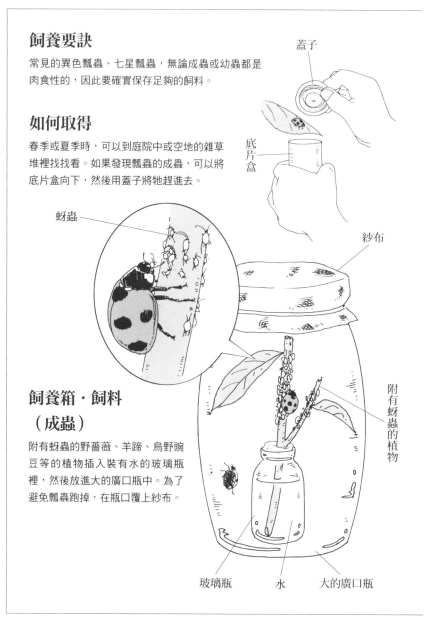

蓋子

底片盒

蚜蟲

紗布

附有蚜蟲的植物

玻璃瓶　　水　　大的廣口瓶

飼養箱（卵）

採集到附在葉子上的黃色蟲卵後，在葉子的基部
裹上沾了水的衛生紙，用錫箔紙包住後放入塑膠
容器裡。3～4天後會孵化。

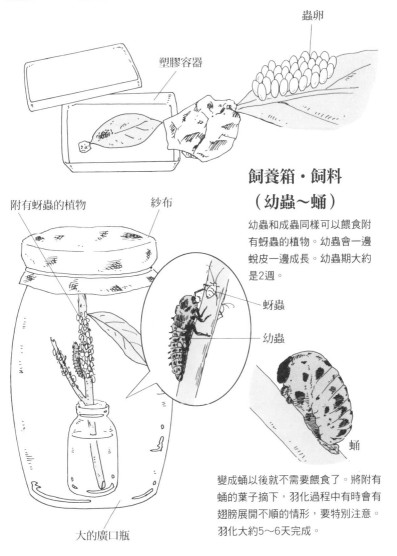

蟲卵

塑膠容器

附有蚜蟲的植物

紗布

飼養箱・飼料
（幼蟲～蛹）

幼蟲和成蟲同樣可以餵食附
有蚜蟲的植物。幼蟲會一邊
蛻皮一邊成長。幼蟲期大約
是2週。

蚜蟲

幼蟲

蛹

變成蛹以後就不需要餵食了。將附有
蛹的葉子摘下，羽化過程中有時會有
翅膀展開不順的情形，要特別注意。
羽化大約5～6天完成。

大的廣口瓶

133

螞蟻

飼養要訣

大黑蟻因為體型較大,比較好觀察。即使是種類相同,但如果來自不同巢穴,還是有可能會打鬥,因此最好飼養同一個巢穴的螞蟻。

如何取得

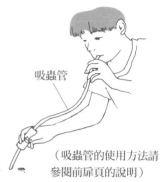

吸蟲管

(吸蟲管的使用方法請參閱前扉頁的說明)

庭院、校園、旱田、公園等經常可以看到螞蟻的巢穴。用甜點當作餌來引誘螞蟻是最簡單的方法。雖然也可用吸蟲管,但很容易使牠受傷。一次可以採集10~20隻。5~6月,羽蟻的季節中,如果可以發現蟻后的話,不妨只採集蟻后。

餌食

將壓克力板、美耐板、角材用接著劑來黏合。

飼養箱・飼料

市面上有螞蟻專用的飼養箱,也可以自己動手做。準備3公分見方的角材、透明壓克力板、美耐板,如右圖製作。壓克力板用壓克力切割刀來切割。

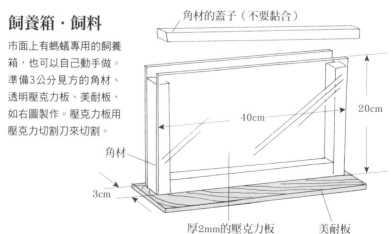

角材的蓋子(不要黏合)

20cm

40cm

角材

3cm

厚2mm的壓克力板

美耐板

將巢穴周邊的土篩過後和砂混合。

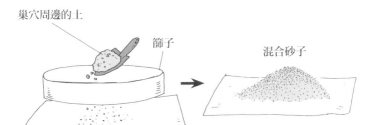

巢穴周邊的土

篩子

混合砂子

將飼料放在錫箔紙上　　工蟻　　用手指挖個小洞

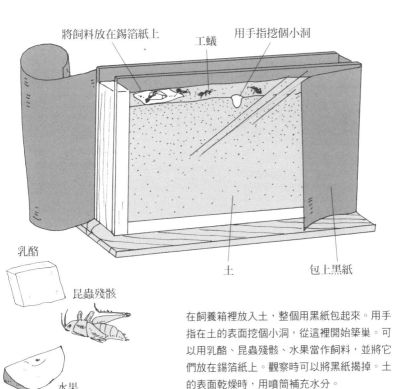

乳酪

昆蟲殘骸

水果

土　　包上黑紙

在飼養箱裡放入土，整個用黑紙包起來。用手指在土的表面挖個小洞，從這裡開始築巢。可以用乳酪、昆蟲殘骸、水果當作飼料，並將它們放在錫箔紙上。觀察時可以將黑紙揭掉。土的表面乾燥時，用噴筒補充水分。

採集到蟻后時

尋找蟻后

5～6月，如果看到許多羽蟻，就是螞蟻的結婚飛行季節。傍晚時在小石頭或枯草下找找看，說不定會發現體長18公釐的蟻后。會產卵並在交配後翅膀脫落的就是蟻后。不妨花點心思採集到蟻后，帶回去仔細觀察一下。

大黑蟻的蟻后。交配之後翅膀會立刻脫落。如果翅膀仍然完好的即為雄蟻。

飼養箱

可以直接購買市售的螞蟻飼養箱，或是參考前一頁自己動手做。同樣地在土的表面用手指挖個小洞。工蟻羽化前，蟻后什麼也不吃，所以不需要餵食。

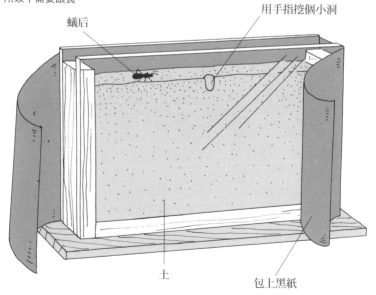

用手指挖個小洞

蟻后

土

包上黑紙

日常照顧

經常補充水分

土的表面變得乾燥時，可以用噴筒補充水分。

蟻后會獨自產卵並養育幼蟲。

噴筒

工蟻羽化完成後再餵食

幼蟲變成蛹以後，工蟻的羽化就接近了。一但羽化完成，工蟻會開始尋找食物，可以將乳酪、昆蟲殘骸、水果等放在錫箔紙上，然後放進飼養箱中。

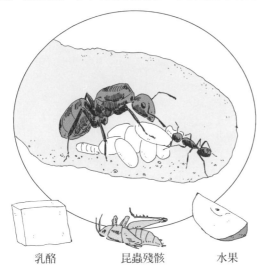

乳酪　　　　昆蟲殘骸　　　　水果

蝴蝶

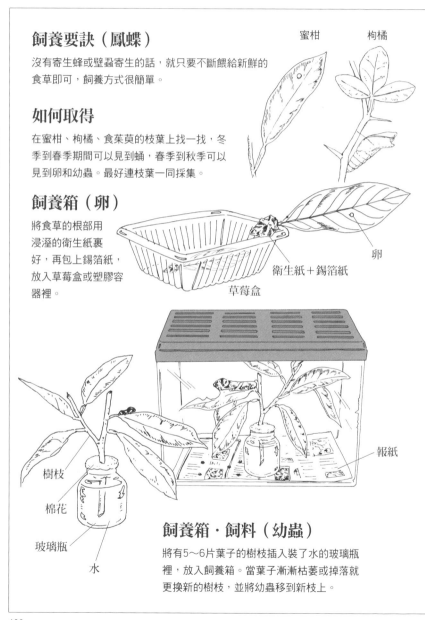

飼養要訣（鳳蝶）

沒有寄生蜂或壁蝨寄生的話，就只要不斷餵給新鮮的食草即可，飼養方式很簡單。

蜜柑　　枸橘

如何取得

在蜜柑、枸橘、食茱萸的枝葉上找一找，冬季到春季期間可以見到蛹，春季到秋季可以見到卵和幼蟲。最好連枝葉一同採集。

飼養箱（卵）

將食草的根部用浸溼的衛生紙裹好，再包上錫箔紙，放入草莓盒或塑膠容器裡。

卵

衛生紙＋錫箔紙

草莓盒

報紙

樹枝

棉花

玻璃瓶

水

飼養箱・飼料（幼蟲）

將有5～6片葉子的樹枝插入裝了水的玻璃瓶裡，放入飼養箱。當葉子漸漸枯萎或掉落就更換新的樹枝，並將幼蟲移到新枝上。

日常照顧

清除糞便

將幼蟲連同玻璃瓶一起拿出來，將掉落在飼養箱底部報紙上的糞便清除乾淨。

成為終齡幼蟲時

幼蟲經過4次蛻皮變成終齡幼蟲，此時食量變大，要餵給足夠的食草。

羽化後

羽化後會開始在飼養箱裡飛來飛去，最好將牠放回戶外去。

成蛹後

成蛹後，為了不妨礙牠的羽化，可將樹枝上的葉子摘掉，瓶子裡的水倒掉。

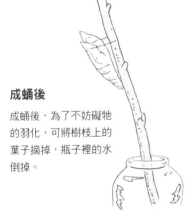

飼養方式相同的昆蟲

其他蝶類

參閱下頁。

不同種類的蝴蝶幼蟲，會吃不同植物的葉子。

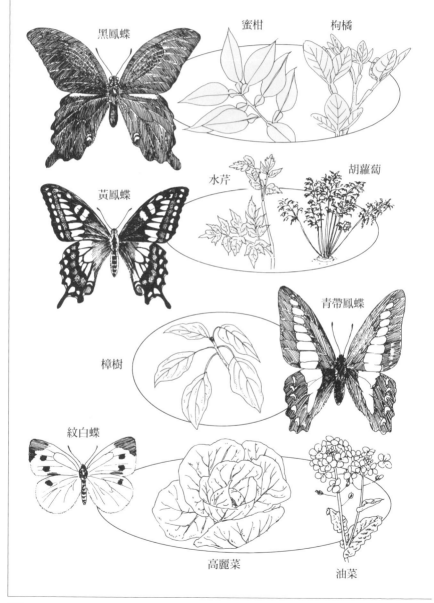

黑鳳蝶

蜜柑　　枸橘

黃鳳蝶

水芹　　胡蘿蔔

青帶鳳蝶

樟樹

紋白蝶

高麗菜

油菜

黑紋粉蝶
山芥菜

大紫蛺蝶

紋黃蝶
豌豆

紫雲英

朴樹

紅小灰蝶

藍灰蝶

酸模

酢漿草

為了使幼蟲的生活環境與牠原本的生活環境差異不要太大，可以到住家附近採食草餵養。

黃鳳蝶吃的荷蘭芹可以到蔬果店購買，其他蝶類吃的植物如果蔬果店買不到，可以到園藝店詢問。

某些特定的植物若無法取得時，最好不要飼養以它們為食的蝶類。

蜻蜓（水薑）

飼養要訣

生活在流動的河川邊的晏蜓較難飼養，生活在池塘和水田中的秋赤蜻較容易飼養。

池塘或水田

如何取得

5～7月，用網子直接撈取池塘或水田中的泥，或是用腳踩踏水草的根部後用網子撈取蜻蜓的幼蟲—水薑。

不要蓋蓋子

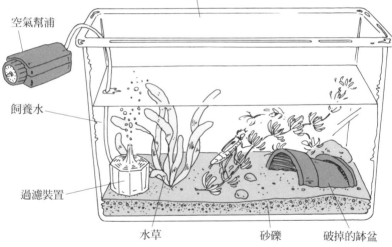

空氣幫浦

飼養水

過濾裝置

水草　　　砂礫　　　破掉的缽盆

變種鱂魚

紅蟲

飼養箱・飼料

在飼養箱裡鋪上厚4～5公分的砂礫後，放入飼養水，並安裝空氣幫浦和過濾裝置（如果飼養箱夠大，可以不用過濾裝置）。飼養箱不須加蓋。水薑要吃活的小生物，可向店裡購買變種鱂魚和紅蟲來餵食。

日常照顧

立刻撈除飼料殘渣

吃剩的飼料殘渣立刻用小網子撈除，
以免飼養水汙髒。

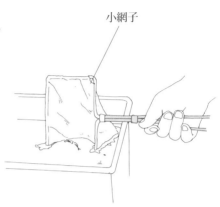

小網子

接近羽化時

當水薑停止吃東西時，就是快要羽
化了。在飼養箱的砂礫上插一根棒
子，並露出水面10公分以上，作為
羽化的場所。

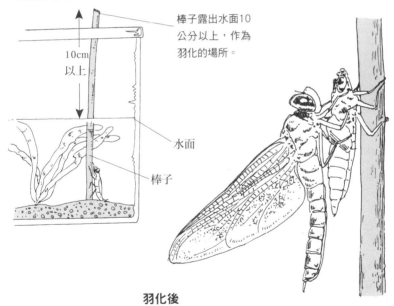

10cm
以上

棒子露出水面10
公分以上，作為
羽化的場所。

水面

棒子

羽化後

羽化完成且翅膀完全伸展、乾燥後的蜻蜓，最
好將牠放生。由於蜻蜓會在飛行中捕捉其他昆
蟲當食物，因此很難將牠關在飼養箱中飼養。

龍蝨

飼養要訣

成蟲和幼蟲都是肉食性的，食物不用變換。龍蝨需要呼吸空氣，飼養箱中要配置磚塊當作上岸的陸地。

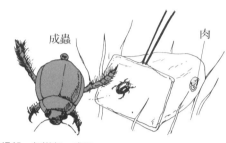

成蟲　　　　　　　　　肉

如何取得

用網子將小溪或池塘中的水草連根部一起撈起，或是在網子底部放一塊肉當作食物，以引誘龍蝨進入。

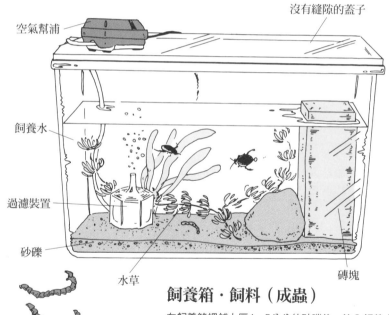

沒有縫隙的蓋子

空氣幫浦

飼養水

過濾裝置

砂礫

水草

磚塊

紅蟲

小魚乾

飼養箱・飼料（成蟲）

在飼養箱裡鋪上厚4～5公分的砂礫後，注入飼養水，並安裝空氣幫浦和過濾裝置（如果飼養箱夠大，可以不用過濾裝置），放入水草和作為陸地的磚塊。為了防止龍蝨跑出去，蓋子上不要有縫隙。以紅蟲和小魚乾為飼料，每2～3天餵1次。

飼養箱·飼料（幼蟲）

在小型的飼養箱注水，安裝空氣幫浦和過濾裝置，並放入流木。因為龍蝨會彼此相殘，最好每次只養1隻。可以用紅蟲和變種鱂魚等活物餵食。

幼蟲

紅蟲

變種鱂魚

空氣幫浦

飼養水　流木

過濾裝置

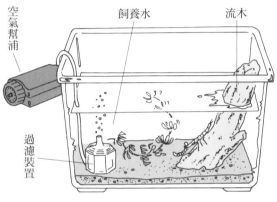

飼養箱（蛹）

當幼蟲停止吃東西時，就是快要成蛹了。用水田裡的泥做出陸地，注入飼養水，然後將幼蟲放進去。幼蟲會自行爬上陸地，在泥中築出蛹室。

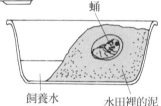

蛹

飼養水　水田裡的泥

日常照顧

立刻撈除飼料殘渣

無論是成蟲或幼蟲，吃剩的飼料殘渣要立刻用小網子撈除，以免飼養水汙髒。

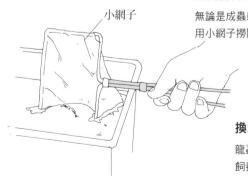

小網子

換水

龍蝨喜歡生活在清潔的水中，飼養箱中的水髒了就要更換。

水螳螂

飼養要訣

水螳螂是肉食性昆蟲，如果在一個飼養箱裡同時養好幾隻，要注意會彼此相殘。此外，飼料的供應不要斷絕。

如何取得

5～7月，在池塘或小溪邊用網子將水草連根撈起，放入塑膠袋一起帶回家。為了避免水螳螂淹死，要將水先濾掉。

塑膠袋

開孔

用網子撈取

水草

空氣幫浦

飼養水

過濾裝置

水草

砂礫

變種鱂魚

蝌蚪

飼養箱・飼料

在飼養箱裡鋪上厚4～5公分的砂礫，注入飼養水，並安裝空氣幫浦和過濾裝置，最好還要在砂礫上種些水草。可以餵食蝌蚪和變種鱂魚。

日常照顧

立刻撈除飼料殘渣

吃剩的飼料殘渣要立刻用小網子撈除，以免飼養水汙髒。

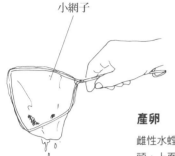

小網子

產卵

雌性水螳螂有可能會產卵。在飼養箱裡放塊磚頭，上面放些水苔，並讓飼養水剛好浸到，水螳螂就會到水苔上產卵。

卵

水苔

水面

磚塊

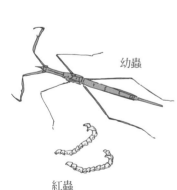

幼蟲

紅蟲

幼蟲孵化後

孵化後的幼蟲會互相咬食，盡量每1隻分開飼養，並餵食紅蟲。

飼養方式相同的昆蟲

紅娘華、田鱉、負子蟲

147

水黽

飼養要訣

水黽會吸食落在水面上的昆蟲體液。
飼養時要有足夠的飼料。因為彼此會
相殘，不要在飼養箱裡同時
養很多隻。

池塘或小溪

網子

如何取得

可以直接用較細密的網子撈取停在水面上的水黽，並連同
水草一起放在塑膠袋裡帶回家。

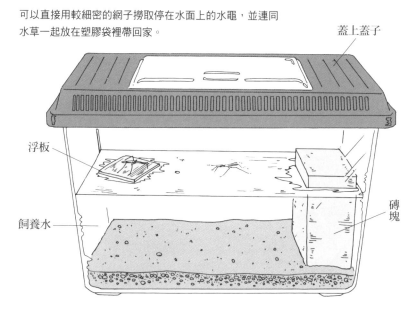

蓋上蓋子

浮板

飼養水

磚塊

飼養箱·飼料

在飼養箱裡注水，放一塊磚頭當作陸地，再放入
一片浮板當作水黽休息的場所。為了避免水黽跑
掉，飼養箱上要加蓋子。可以直接將活的蒼蠅和
螞蟻丟到水面上，當作牠的食物。

蒼蠅　　　螞蟻

日常照顧

換水

如果飼養水髒汙了，可以用養魚的排水幫浦吸掉一半的水，再添加新的飼養水。為了避免水黽趁機逃跑，飼養箱的蓋子只要開個能讓排水幫浦管插入的小縫即可。

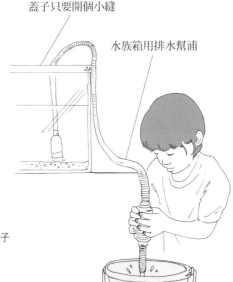

蓋子只要開個小縫

水族箱用排水幫浦

立刻撈除飼料殘渣

吃剩的飼料殘渣要立刻用小網子撈除，以免飼養水汙髒。

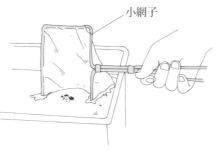

小網子

幫水黽越冬

水黽的成蟲會在水邊的雜草中越冬，可以在飼養箱裡放塊磚頭當作陸地，放上水苔或草，讓水黽有地方休息或越冬。

水苔或草

蝸牛

飼養要訣

蝸牛的飼養並不困難，牠喜歡生活在潮溼的地方，飼養環境只要有點水就可以了。

飼養箱・飼料

在飼養箱裡鋪上潮溼的砂子5公分高，再放上一層含水量高的水苔，並配置裝飼料的小碟子、棲木和當作遮蔽處的破缽盆。

如何取得

春季到夏季期間，下雨的時候，在庭院的圍牆上或是植物的葉子上都很容易看到蝸牛。

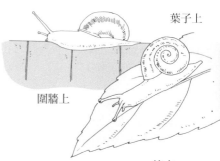

葉子上

圍牆上

棲木

黃瓜

萵苣

飼料　　水苔　　破掉的缽盆　　砂5cm厚

小魚乾

將黃瓜、萵苣、小魚乾等食物放在小碟子裡，每天傍晚餵食。

日常照顧

經常補充水分

飼養箱變得乾燥時，要用噴筒補充水分。

打掃飼養箱

要經常清除糞便，並用溼的衛生紙擦拭被蝸牛吸附過的飼養箱內壁。

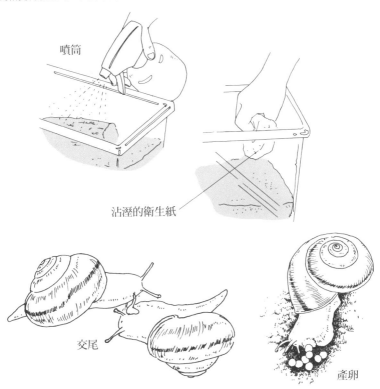

噴筒

沾溼的衛生紙

交尾

產卵

交尾・產卵後

如果同時養了幾隻蝸牛，牠們會互相交換精子，在砂中產卵。將卵連同砂子一起取出，移到小碟子裡，並經常用噴筒補充水分保持溼潤，大約1個月後會孵化。

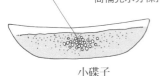

砂和卵

小碟子

飼養方式相同的昆蟲

蛞蝓

鼠婦

飼養要訣

鼠婦喜歡潮溼的地方，經常用噴筒補充水分，使牠的生活環境保持溼潤。飼養箱放在日光照射不到的陰暗地方。

如何取得

在庭院或公園的落葉下或岩石下找找看，如果發現鼠婦的蹤影，可以用底片盒採集。

飼養箱・飼料

將採集到鼠婦地方的土壤裝入空瓶裡，並保持潮溼，然後在上面鋪一層腐葉土。瓶口可以用絲襪或紗布封住。除了腐葉土，還可另外餵食高麗菜和小魚乾。

石頭下面

廣口瓶

絲襪或紗布

飼料

小魚乾

高麗菜

腐葉土

腐葉土

土

日常照顧

經常補充水分

鼠婦生活在乾燥的環境裡會變得很
衰弱，記得經常用噴筒補充水分。

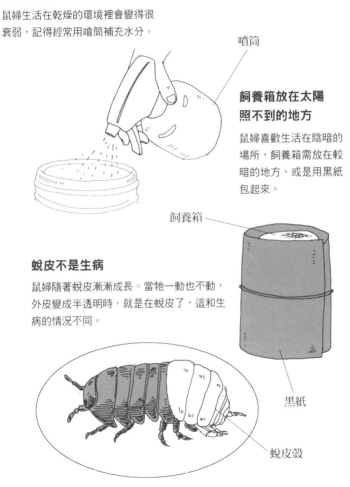

噴筒

飼養箱放在太陽
照不到的地方

鼠婦喜歡生活在陰暗的
場所，飼養箱需放在較
暗的地方，或是用黑紙
包起來。

飼養箱

蛻皮不是生病

鼠婦隨著蛻皮漸漸成長。當牠一動也不動，
外皮變成半透明時，就是在蛻皮了，這和生
病的情況不同。

黑紙

蛻皮殼

飼養方式相同的昆蟲

草鞋蟲、鋏蟲

昆蟲採集時不可做的事

原始的大自然環境正漸漸消失。有些完全不可能發生河川暴漲或洪水氾濫的地方，不知道為什麼竟然用鋼筋水泥築上了防護堤。雖然只是不起眼的小工程，但它已帶給無數生物生命的威脅，並將牠們棲息的場所破壞殆盡。

近來各地紛紛展開停止過度開發、保護大自然的運動，並且有人提出：進行自然保護運動的同時，我們是否該停止採集昆蟲，而應在自然環境下觀察牠們的生態。

然而，將昆蟲採集回來飼養，比野外觀察更能了解生物的動態，並且得以親見生命之不可思議。如果我們剝奪了孩子與昆蟲邂逅的機會，並使他們在成長過程中缺少了與昆蟲接觸的經驗，長大後他們對昆蟲的認知，可能只是一群「發出臭味的傢伙」，這對培養他們尊重大自然的情操或多或少有不利的影響。

鳥

鳥類的飼養工具

準備方式

基本上要有飼養籠、食器、給水器、棲木，其他的再視需要添購。市面上販售的組合商品，基本配備一應俱全，十分方便。

飼養籠

有金屬製的和木製的，最好是大一點，以免鳥的活動受到拘束。棲木則配合籠子的大小購置。

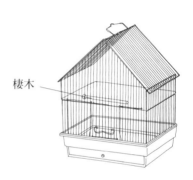

棲木

巢

如果準備持續飼養，並打算繁殖，就需要準備鳥巢。

袋狀巢（文鳥）

箱形巢（虎皮鸚鵡）

飼養籃

如果想把鳥類放在手上飼養，可以準備培育雛鳥的飼養籃。

碗狀巢（金絲雀）

食器和給水器

有掛在鳥籠上的懸掛式食器，
和直接放在鳥籠底部的平放式
食器。平放式的要選擇較重且
穩固的。可另外準備專放青菜
的食器，會更方便。

青菜食器

食物磨碎器

需要磨碎或混合食物時，可以
準備小型研磨缽和研磨棒。

餵食器

餵食剛出生的雛鳥
時使用。

戲水用容器

小鳥很喜歡戲水。用稍大
一點且穩固的容器裝水，
才不容易打翻。

玩具

籠子裡最好掛有連
環、鞦韆和鏡子，
增加小鳥的活動和
樂趣。

鞦韆　　　連環　　　鏡子

157

虎皮鸚鵡

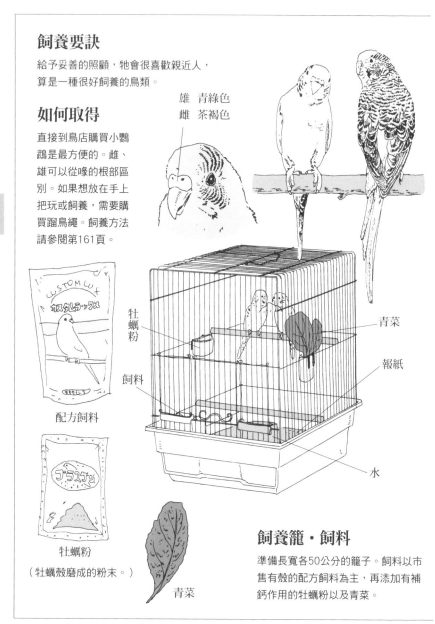

飼養要訣

給予妥善的照顧，牠會很喜歡親近人，算是一種很好飼養的鳥類。

如何取得

直接到鳥店購買小鸚鵡是最方便的。雌、雄可以從喙的根部區別。如果想放在手上把玩或飼養，需要購買蹓鳥繩。飼養方法請參閱第161頁。

雄　青綠色
雌　茶褐色

配方飼料

牡蠣粉
（牡蠣殼磨成的粉末。）

牡蠣粉

飼料

青菜

報紙

水

青菜

飼養籠・飼料

準備長寬各50公分的籠子。飼料以市售有殼的配方飼料為主，再添加有補鈣作用的牡蠣粉以及青菜。

日常照顧

每天檢查飼料和飲水

將飼料上的殼吹掉，
再加上新的。

輕輕地吹，只要把殼吹掉

每天早上換
乾淨的水

夜晚用布蓋住籠子

為了保溫並使鳥兒情緒穩定，夜晚用布
或小毯子將鳥籠蓋住。

嗯～好乾淨喔！

每週打掃1次

鳥籠底部的報紙每週更換1次，
並用布擦拭籠子。

教鸚鵡講話

有耐性地反覆說同樣的話給鸚鵡聽，牠會
模仿著說出來。一旦學會了，牠就再也不
會忘記，所以不要教牠說不好的話。

早安！

繁殖

如果有好的配對，不妨讓鸚鵡繁殖。把巢箱準備好，雌鳥會在裡面產下5～6個卵。17～18天後卵會孵化，再過6週左右即可離巢自立。

有好的對象，就配對繁殖吧！

餵食高營養的飼料

準備繁殖前，可以在飼料中混入10%的加那利種子，以添加營養。

準備巢箱

準備市售的巢箱。鸚鵡有強大的咬合力與破壞力，需要較堅固的材質做成的巢箱。

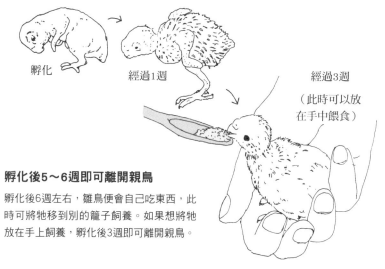

孵化　　　　　經過1週　　　　　　　　　　經過3週

（此時可以放在手中餵食）

孵化後5～6週即可離開親鳥

孵化後6週左右，雛鳥便會自己吃東西，此時可將牠移到別的籠子飼養。如果想將牠放在手上飼養，孵化後3週即可離開親鳥。

如何將鳥放在手上飼養

想養出能夠經常放在肩上或手上、帶出門蹓躂的鸚鵡，在孵化後3週左右就可以開始。
準備麥稈編成的飼養籃飼養雛鳥，比較暖和的時候則放在有孔隙的飼養盒裡。

飼養籃

衛生紙

要注意保暖

飼養盒下方鋪上衛生紙，
可以達到保暖的作用。

飼養盒

青菜

熱水

市售磨碎的鳥食

用湯匙或竹勺餵食雛鳥

每隔3小時餵食

將市售的磨碎鳥食，加入青菜、熱水攪拌後，
以湯匙每隔3小時餵食1次，每天4次。

可以獨自到外面來時

雛鳥隨著成長，可以從飼養籃
裡出來了。此時可將市售的幼
鳥飼料用熱水調成糊狀餵食，
之後再讓牠慢慢習慣吃帶殼的
飼料。

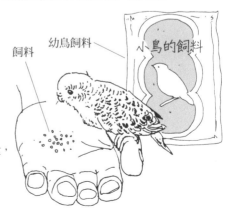

幼鳥飼料

飼料

小鳥的飼料

如果是將食物放在手上餵食，
可以順便和牠玩一玩。

十姊妹・文鳥

飼養要訣

這兩種鳥都很親近人，同類之間的關係也很平和，即使是第一次養鳥的人也不會有什麼困難。只是文鳥對寒冷的抵抗力較弱，需要多加注意。

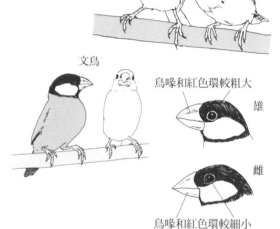

十姊妹

羽翼清潔、有元氣的鳥

如何取得

可以到鳥店選購羽翼乾淨、有元氣的幼鳥。十姊妹雌雄的差異很小，甚至難以區別。文鳥雌雄的差別則在喙的粗細和眼睛周圍紅環粗細的不同。如果要放在手上飼養，可以購買雛鳥，並參閱第165頁的飼養方法。

文鳥

鳥喙和紅色環較粗大

雄

雌

鳥喙和紅色環較細小

飼養籠・飼料

準備長寬各50公分的籠子。飼料以市售有貝殼的配方飼料為主，再添加有補鈣作用的牡蠣粉以及青菜。

配方飼料

牡蠣粉

青菜

袋狀巢

報紙

飼料

棲木

牡蠣粉

戲水容器

水

日常照顧

每天檢查飼料和飲水

將飼料上的殼吹掉，
再加上新的。

輕輕地吹，
只要把殼吹掉

每天早上
換乾淨的水

夜晚用布蓋住籠子

為了保溫並使鳥兒情緒穩定，夜晚
用布或小毯子將鳥籠蓋住。

做做日光浴

有時可將鳥連同鳥籠一起
拿到陽台吹不到風的地方
做做日光浴，等到午後3
點再拿進屋裡。

每週打掃1次

鳥籠底部的報紙每週更換1次，並
用布擦拭籠子。

吱
吱

讓鳥多多戲水

偶爾讓牠玩玩水，但冬天時玩水
後要做日光浴，以溫暖身體。

163

繁殖

十姊妹一年大約繁殖3～5次。雌鳥
會在袋狀巢產下5～7個卵，2週左
右會孵化。雛鳥在孵化3週後可以
離巢。

雌的文鳥會在袋狀巢裡產下5～6個蛋，
16～17天左右會孵化。雛鳥在孵化約4
～5週就可以離巢。

餵食高營養的飼料

準備繁殖前，可以在含殼的飼料中混入
1/10市售的小米和加那利種子，以添加
營養。

加那利種子

市售的小米

準備築巢材料

將市售的築巢材料捆在籠
子上，雌鳥會拔下來帶到
巢裡去，並在那裡產卵。

築巢的材料

孵化後

十姊妹和文鳥孵化後5～6週即可
離開親鳥，移到別的籠子飼養。
如果想將文鳥放在手上飼養，孵
化後2～3週即可離開親鳥。

如何將鳥放在手上飼養

想養出能夠經常放在肩上或手上、帶出門蹓躂的文鳥，在孵化後2～3週左右就可以開始。準備麥稈編成的飼養籃飼養雛鳥，比較暖和的時候放在有孔隙的飼養盒裡。

要注意保暖

飼養盒下方鋪上衛生紙，可以達到保暖的作用。

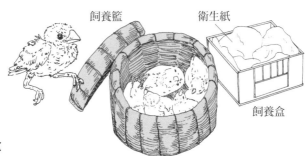

飼養籃　衛生紙

飼養盒

每隔3小時餵食

將市售的磨碎鳥食，加入青菜、熱水攪拌後，以竹勺每隔3小時餵食1次，每天4次。

青菜　熱水

市售的磨碎的鳥食

竹勺

可以獨自到外面來時

雛鳥隨著成長，可以從飼養籃裡出來了。此時可將市售的小鳥飼料用熱水調成糊狀餵食，然後讓牠漸漸習慣吃帶殼的飼料。

如果是將飼料放在手上餵食，可以順便和牠玩一玩。

小米粒

市售的小鳥飼料

金絲雀

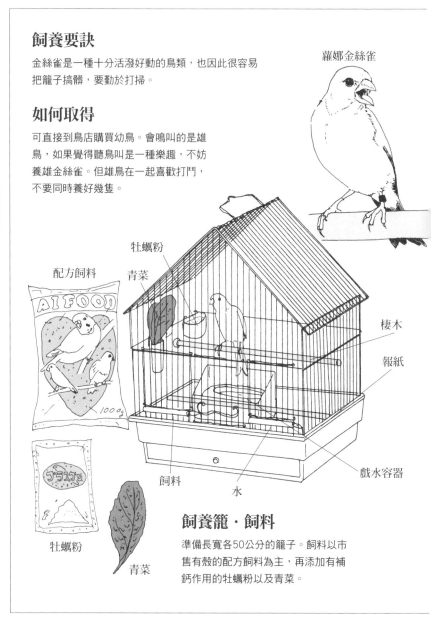

飼養要訣

金絲雀是一種十分活潑好動的鳥類，也因此很容易把籠子搞髒，要勤於打掃。

如何取得

可直接到鳥店購買幼鳥。會鳴叫的是雄鳥，如果覺得聽鳥叫是一種樂趣，不妨養雄金絲雀。但雄鳥在一起喜歡打鬥，不要同時養好幾隻。

蘿娜金絲雀

配方飼料

AI FOOD

100g

牡蠣粉

牡蠣粉

青菜

青菜

棲木

報紙

飼料

水

戲水容器

飼養籠・飼料

準備長寬各50公分的籠子。飼料以市售有殼的配方飼料為主，再添加有補鈣作用的牡蠣粉以及青菜。

日常照顧

每天檢查飼料和飲水

將飼料上的殼吹掉，
再加上新的。

輕輕地吹，只要把
殼吹掉

每天早上換
乾淨的水

夜晚用布蓋住籠子

為了保溫並使鳥兒情
緒穩定，夜晚用布或
小毯子將鳥籠蓋住。

要經常打掃飼養籠

金絲雀的糞便很軟，比較不容易清除。
打掃籠子時，不但要更換報紙，連籠子
本身、食器、給水器、戲水容器都要清
洗乾淨。

教金絲雀模仿叫聲

金絲雀的叫聲非常動人，如果將其他
鳥類好聽的叫聲錄下來播放給牠聽，
牠也會學著叫，非常有趣。

雞

飼養要訣

雛雞出生後3週內最好放在室內飼養，尤其夜間要注意保溫。雛雞很喜歡玩砂，可以準備小砂坑。

如何取得

可以直接到鳥店挑選一隻有元氣的小雞。雞小的時候毛絨絨的非常可愛，但長大後就完全不一樣了，了解這一點再決定是否飼養。

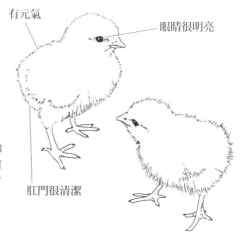

有元氣

眼睛很明亮

肛門很清潔

飼養箱（雛雞）

在大型紙箱中放入寵物專用電暖墊，再鋪上報紙保溫。同時配置食器、給水器。如果沒有寵物用的電暖墊，可以用裝了熱水、包上布的寶特瓶取代，但要注意溫度不夠高時要重新換熱水。

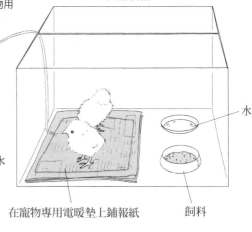

大型紙箱

水

飼料

在寵物專用電暖墊上鋪報紙

寶特瓶保溫器

熱水

用布包起來

飼料（雛雞）

以雛雞專用配方飼料為主，加入剁碎的青菜和磨碎的小魚乾。雛雞1天分開餵個幾次，一次不要太多。如果雛雞什麼都不吃，可以用熱水將配方飼料調成糊狀，用市售的餵食器餵牠。

青菜

雛雞專用配方飼料

小魚乾

日常照顧（雛雞）

出生後2～3週，可以讓雛雞離開飼養箱，到外面做做日光浴和運動，但要注意貓、狗的侵襲。

水

為了不使飼料和飲水長出黴菌，要常常清掃整理。

飼料

最好是用雙手將雛雞捧在手心裡，如果是放牠在地板上自由活動，小心不要踩到了。

嗶!!

169

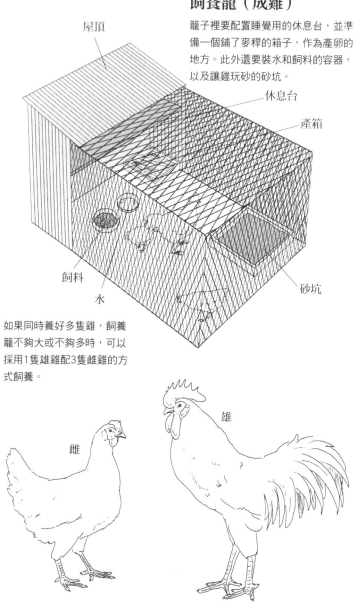

飼養籠（成雞）

籠子裡要配置睡覺用的休息台，並準備一個鋪了麥稈的箱子，作為產卵的地方。此外還要裝水和飼料的容器，以及讓雞玩砂的砂坑。

屋頂

休息台

產箱

飼料

水

砂坑

如果同時養好多隻雞，飼養籠不夠大或不夠多時，可以採用1隻雄雞配3隻雌雞的方式飼養。

雌

雄

飼料（成雞）

以雞用配方飼料為主，並添加剁碎的青菜，以及可以補充鈣質的貝殼粉或牡蠣粉等。

雞用配方飼料

剁碎的青菜

磨碎的貝殼

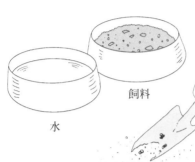

水

飼料

用鏟子將糞便剷除

日常照顧

水和飼料需要天天更換。每天將糞便和吃剩的飼料清除乾淨，可以預防疾病的發生。砂坑裡的砂也要經常更換。

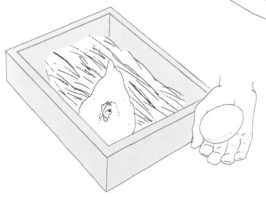

產卵後

雌雞產卵後，會開始照顧小雞。如果不打算繁殖更多的雞，可以把蛋吃掉。

鵪鶉

飼養要訣

雛鳥在夏季也需要保溫。雄鳥之間很容易發生爭鬥，如果沒有寬廣的飼養場，最好是單獨飼養。

如何取得

可以直接到鳥店挑選一隻有元氣的。有些店裡還兼賣青島鳥、迷你雷鳥、山原水雞等鳥類。

眼睛很明亮

有元氣

飼養箱・飼料（雛鳥）

在大型紙箱中放入寵物專用電暖墊，再鋪上報紙保溫。同時配置食器、給水器。如果沒有寵物用的電暖墊，可以用裝了熱水、包上布的寶特瓶取代。

肛門很清潔

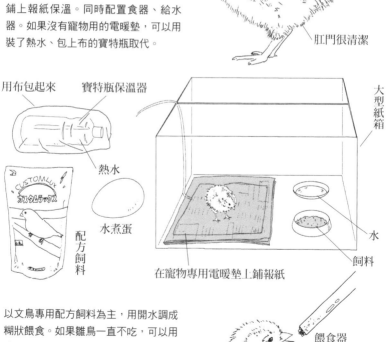

用布包起來　寶特瓶保溫器

熱水

CUSTOMLUX
カスタムラックス

配方飼料

水煮蛋

在寵物專用電暖墊上鋪報紙

大型紙箱

水

飼料

以文鳥專用配方飼料為主，用開水調成糊狀餵食。如果雛鳥一直不吃，可以用市售的餵食器餵牠。配方飼料中還可以加入搗碎的水煮蛋。

餵食器

飼養籠・飼料（成鳥）

鵪鶉是一種可在陸地上行走的鳥類，所以籠子可以不需要一般鳥籠都會配置的金屬製接糞器，只要在籠子底部鋪上報紙即可。籠子裡除了必備的盛飼料和水的器皿，另外還需準備一個盒子，裡面鋪上撕碎的報紙，當作寢箱。

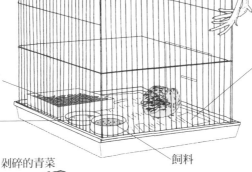

底部鋪報紙

放入報紙碎片的寢箱

水

飼料

市售的鸚鵡配方飼料

剁碎的青菜

麵包蟲

飼料以市售的鸚鵡用配方飼料為主，加上有補鈣作用的牡蠣粉和剁碎的青菜。另外可以餵麵包蟲當作餐間零食。

日常照顧

最好每天讓牠從籠子裡出來活動，做做日光浴。在籠子上蓋一塊布，讓牠有遮蔭的地方。

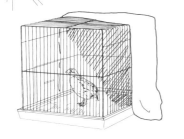

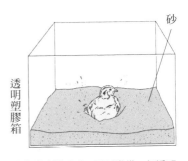

砂

透明塑膠箱

鵪鶉非常喜歡玩砂，可以準備一個透明塑膠箱，放入市售的河砂，每天讓牠到裡面玩一玩。要注意的是，將鵪鶉從籠子裡放出來時，不要讓牠跑掉了。

173

鴨

飼養要訣

鴨的體型很大，養鴨的必要條件是寬廣的空間。此外，鴨很喜歡戲水，還需要準備一個戲水池。鴨的叫聲很大，這一點要讓附近鄰居理解。鵝的飼養方法和鴨相同。

如何取得

直接到鳥店去購買小鴨是最方便的。

飼養箱‧飼料（雛鴨）

鴨還小的時候可以放在家中飼養，等到長大了，就需要放進大型紙箱裡。紙箱的開口要低，並且裡面要鋪上碎報紙。夜晚要以寵物用電暖墊或是寶特瓶保溫器幫牠保暖。用雛雞專用配方飼料搭配剁碎的青菜餵食。裝飼料和飲水的器皿放在箱子的出入口旁邊。

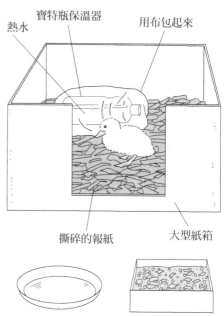

熱水

寶特瓶保溫器

用布包起來

撕碎的報紙

大型紙箱

鴨用配合飼料
ひよこ

雛雞專用配方飼料

青菜

水

飼料

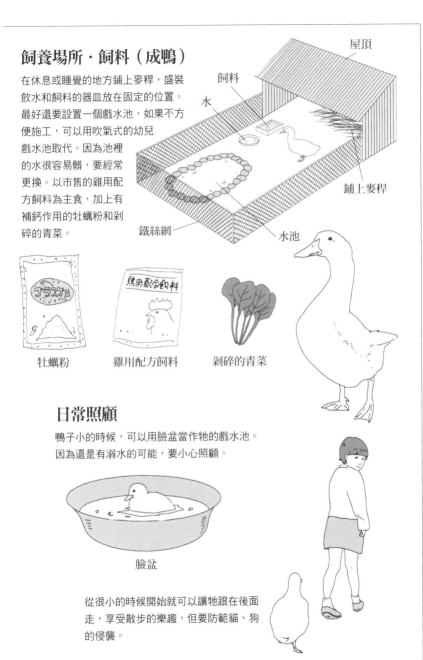

飼養場所・飼料（成鴨）

在休息或睡覺的地方鋪上麥稈，盛裝飲水和飼料的器皿放在固定的位置。最好還要設置一個戲水池，如果不方便施工，可以用吹氣式的幼兒戲水池取代。因為池裡的水很容易髒，要經常更換。以市售的雞用配方飼料為主食，加上有補鈣作用的牡蠣粉和剁碎的青菜。

屋頂

飼料

水

鋪上麥稈

鐵絲網

水池

牡蠣粉

雞用配合飼料

剁碎的青菜

日常照顧

鴨子小的時候，可以用臉盆當作牠的戲水池。因為還是有溺水的可能，要小心照顧。

臉盆

從很小的時候開始就可以讓牠跟在後面走，享受散步的樂趣，但要防範貓、狗的侵襲。

較難飼養的鳥類

飼養方法不明的鳥類

有時鳥店會販賣一些新奇有趣的鳥類，但是如果店家不熟悉如何飼養，市面上又沒有相關的參考書籍，最後一定會失敗。所以選擇時，要以飼養書中有詳細介紹的鳥類為主。

無法適應氣候的鳥類

溫寒帶地區輸入以東南亞、非洲等溫暖地區為原生地的鳥類，其中有些身強體壯，飼養起來非常輕鬆，有些則無法適應寒冷的天氣。例如某些鸚鵡就很難飼養，選擇時要多加考慮。

力氣太大的鳥類

中型以上的鳥類，鳥喙強而有力，如果不小心被啄到，很容易受傷。剛開始嘗試養鳥的人，最好避免選擇這類的鳥。

叫聲太大的鳥類

鵝、鴨、雞的叫聲都非常大，在一般住宅區裡飼養，一定會擾擾到鄰居。如果飼養的地方不是在學校裡的飼育場所或鄰近沒有住家，牠們都應被歸類為較難飼養的鳥類。

不可以用口餵食

鳥雖然可愛，但絕對不可以用嘴巴含著餌食餵牠吃，這樣很容易得到稱為「鸚鵡病」的傳染性疾病。這種病的病原為披衣菌，症狀重者可能導致死亡，十分危險。

野鳥也可以飼養嗎？

　　隨意捕捉、飼養野鳥是法律所禁止的。雖然我們經常可見鳥店裡販售著白腹藍鶲和山雀等野鳥，但那是人工繁殖出來的。唯有取得幾個種類的野鳥許可證，才可以獲准飼養的。

　　如果在山野間看見有野鳥的雛鳥從巢中摔落下來，可以找到牠的巢穴後，趁母鳥不在的時候把牠放回去。如果找不到巢穴，首先要想辦法將雛鳥保溫，然後以餵食器餵牠市售的雛鳥專用飼料。當發現找不到自己的巢穴的雛鳥或受傷的野鳥，除了予以保溫外，要立刻聯絡各縣市政府所屬的動植物防疫所或保育單位，由該單位轉介到野生動物保育中心、動物醫院、動物園去接受保護或治療。

　　就算可以輕易捕捉到野鳥，但牠們的飼養方法有許多是我們所不了解的，不如就在大自然中欣賞牠們的姿影吧！

白腹藍鶲

山雀

大山雀

魚・蟹等

水生物的採集

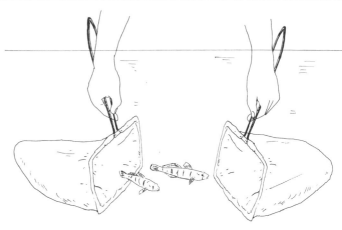

採集方法

魚在水中游動的速度非常快，可以雙手各拿一個網子，從兩邊包夾，使魚順利進入網內。

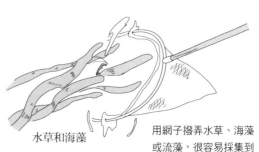

水草和海藻

用網子撥弄水草、海藻或流藻，很容易採集到蝦類、貝類。

將寶特瓶上部1/3切掉，在下部裡放入一塊較重的石頭，以及一段做為餌食的魚片，然後將切除的寶特瓶上部反轉套入下部，並用膠帶固定。將這個自製的捕魚器沉入河川或潮水中，不一會兒拉起穿繩，應該可以發現捕到了魚或蝦。

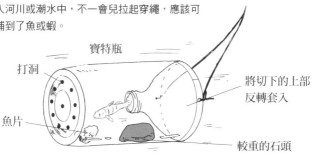

寶特瓶

打洞

魚片

將切下的上部反轉套入

較重的石頭

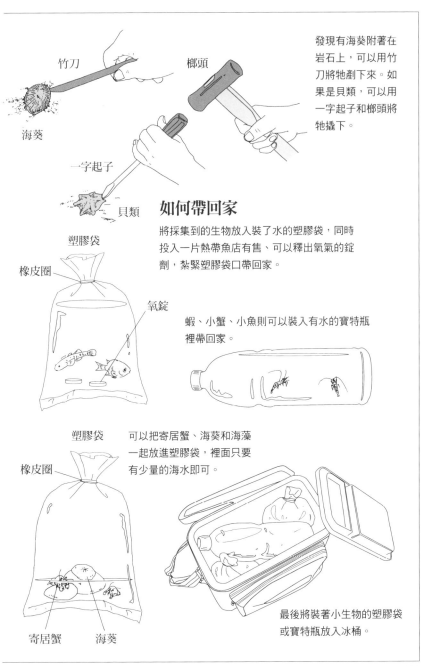

竹刀

榔頭

海葵

一字起子

貝類

發現有海葵附著在岩石上，可以用竹刀將牠剷下來。如果是貝類，可以用一字起子和榔頭將牠撬下。

如何帶回家

將採集到的生物放入裝了水的塑膠袋，同時投入一片熱帶魚店有售、可以釋出氧氣的錠劑，紮緊塑膠袋口帶回家。

塑膠袋

橡皮圈

氧錠

蝦、小蟹、小魚則可以裝入有水的寶特瓶裡帶回家。

塑膠袋

橡皮圈

可以把寄居蟹、海葵和海藻一起放進塑膠袋，裡面只要有少量的海水即可。

寄居蟹　海葵

最後將裝著小生物的塑膠袋或寶特瓶放入冰桶。

水生物的飼育用具

準備基本用具

包括水槽、空氣幫浦、過濾裝置、水溫計、加溫器、控溫器、螢光燈、氯氣中和劑、人工海水素、網子、砂等。以上用具準備齊全，應可飼養大部分魚類。

買組合商品更為方便

如果覺得所有用具都分別採購太過麻煩，可以購買水槽、空氣幫浦、過濾器、加溫器等組合商品，其他的再個別添購。

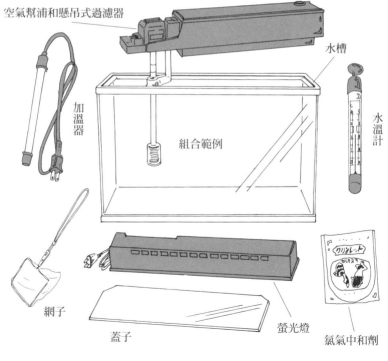

空氣幫浦和懸吊式過濾器

水槽

加溫器

組合範例

水溫計

網子

蓋子

螢光燈

氯氣中和劑

基本用具

1. 水槽

用較便宜的塑膠製飼養箱即可。如果是飼養熱帶魚,並準備觀賞用,可以選購玻璃製的或壓克力製的(長60公分、高36公分、寬30公分)標準水槽。

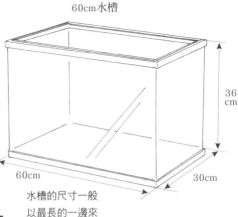

60cm水槽

36cm

60cm

30cm

水槽的尺寸一般以最長的一邊來表示。

塑膠製飼養箱

飼養的標準

水槽尺寸	金魚數量
45cm	8～10隻
60cm	10～15隻
90cm	15～30隻

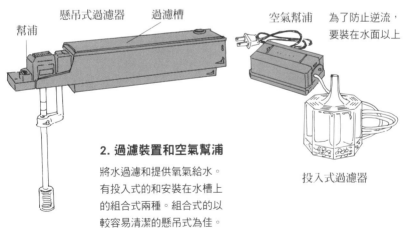

幫浦　　懸吊式過濾器　　過濾槽

空氣幫浦　為了防止逆流,要裝在水面以上

2. 過濾裝置和空氣幫浦

將水過濾和提供氧氣給水。有投入式的和安裝在水槽上的組合式兩種。組合式的以較容易清潔的懸吊式為佳。

投入式過濾器

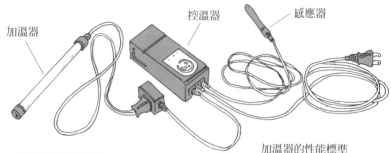

3. 加溫器和控溫器

飼養熱帶魚時，秋季到冬季期間，為了使水溫升高到適合狀態，要使用加溫器。加溫器需連接到控溫器使用。在水槽內，加溫器和控溫器的感應器盡量要分開安裝。

加溫器的性能標準

水槽	加溫器電力
30cm	75W
60cm	150W
90cm	200W～300W

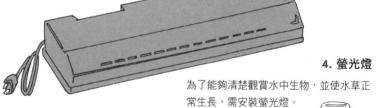

4. 螢光燈

為了能夠清楚觀賞水中生物，並使水草正常生長，需安裝螢光燈。

5. 水溫計

水溫計可以用來確認水溫是否合適。

6. 氯氣中和劑・人工海水素

用於調整水質及製作飼養水。

7. 網子

網子可以將水中生物快速撈起，移放到其他地方，也可以用來清除水中雜質和吃剩的食物。

8. 砂

用來分解糞便，或是專食飼料殘渣的細菌棲地，以及種植水草時的必要物品。

其他用具

空氣石

與空氣幫浦連接使用，可將氧氣打入水中。用於飼養魚卵和幼魚。

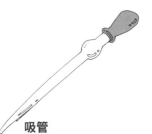

吸管

可用來將水中的食物殘渣清除或餵食幼魚。

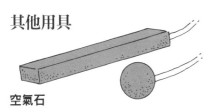

連接頭

當一個空氣幫浦要將空氣送入兩個水槽時，需要接上連接頭。如果上面有可調節空氣流量的閥門會更方便。

幫浦

欲抽出飼養水或清洗水槽中的砂子時使用。排水口要比水槽的位置低。

水槽

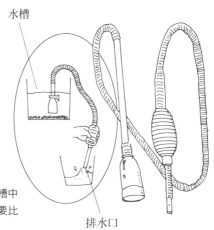

排水口

水生物的飼料

成體的飼料

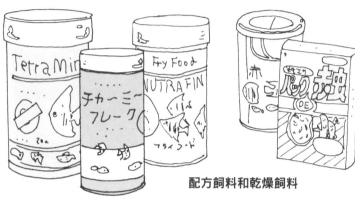

配方飼料和乾燥飼料

使用鱗魚、熱帶魚、烏龜專用，添加各種均衡營養素的配方飼料，或是將紅蟲乾燥後製成的乾燥飼料是最方便的。

空氣幫浦

線蚯蚓　空氣石

活生物飼料

如果所飼養的水生物不吃配方飼料，可改換新鮮的紅蟲或線蚯蚓。活生物飼料必須保存在有活氧機供氧的水裡，並且盡快食用。

冷凍飼料

也有將紅蟲、線蚯蚓、豐年蝦等冷凍製成的冷凍飼料，比活生物飼料容易保存。將飼料裝在保存容器裡，放入冰箱的冷凍室。

幼體的飼料

蛋黃和配方飼料的水溶液

將水煮蛋的蛋黃和配方飼料以水調成糊狀後，以吸管餵食。

水煮蛋　配方飼料

溶入水中

吸管

水溶液

豐年蝦的幼體

豐年蝦的幼體非常營養，可將豐年蝦的卵孵化後取得。

在廣口瓶裡注入自來水，加入食鹽，再將豐年蝦的卵放進去。

稚魚用飼料

卵

豐年蝦的卵

食鹽

廣口瓶

自來水

空氣石

空氣幫浦

用空氣幫浦和空氣石將空氣送入水中。

大約24小時會孵化。關掉幫浦，用吸管將剛孵化的豐年蝦幼體餵給所飼養的水生物。冬季時較難孵化，可購置孵化器。

飼養水的製作方法

淡水

曬1天太陽！

將自來水曬太陽

自來水中含有對水生物有害的氯。將自來水放在水桶裡照射1天日光,可有效除氯。用這個方法製成的飼養水比購買氯氣中和劑放入水中更好,也更適合水生物。

氯氣中和劑

正確加入使用量

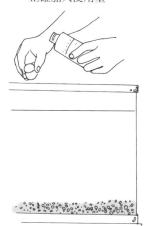

使用氯氣中和劑

需要使用大量飼養水時,可將氯氣中和劑放入自來水中除氯。氯氣中和劑有液態和固態的,液態的比較方便。使用時不可憑感覺來估測用量,要遵照說明取出正確的用量。有的氯氣中和液含有對魚類有益的物質,並有中和自來水中有害金屬、調整水質的功效。

海水

使用人工海水素

天然海水不易取得時，可在人工海水素中加入自來水製作出人工海水。使用時要依照說明加入正確的用量。人工海水有中和自來水中氯氣的作用。

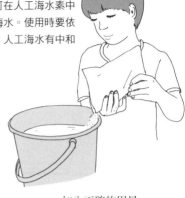

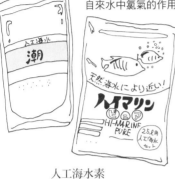

人工海水素

加入正確的用量

調整比重

自己製作的人工海水要以比重計測量比重。
海水的比重約1.025，如果濃度過高，就加入清水，
濃度不夠時，就再添加一些人工海水素。

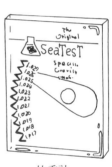

比重計

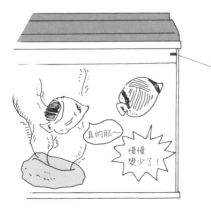

真的耶～

慢慢變少了！

最初的水位

水位下降時補充清水

水槽的水會漸漸蒸發，使海水變濃。將最初的水位高度做記號，下降的部分以除過氯的清水補充。

水槽的配置方法

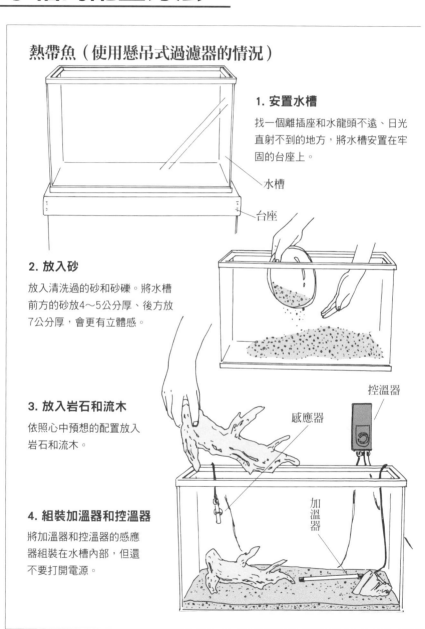

熱帶魚（使用懸吊式過濾器的情況）

1. 安置水槽

找一個離插座和水龍頭不遠、日光直射不到的地方，將水槽安置在牢固的台座上。

水槽

台座

2. 放入砂

放入清洗過的砂和砂礫。將水槽前方的砂放4～5公分厚、後方放7公分厚，會更有立體感。

控溫器

感應器

3. 放入岩石和流木

依照心中預想的配置放入岩石和流木。

加溫器

4. 組裝加溫器和控溫器

將加溫器和控溫器的感應器組裝在水槽內部，但還不要打開電源。

5. 注入自來水，打開加溫器

為了不使砂子散亂，注水前先在砂上放一個小
碟子，然後將水管對準小碟子上方，徐徐注入
自來水。依放水量放入正確的氯氣中和劑，打開
加溫器電源。

氯氣中和劑

在砂上放
置小碟子

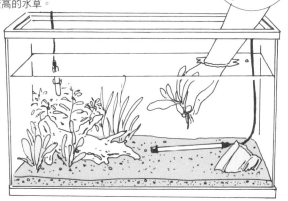

6. 種植水草

依照預先的規劃在砂上種植水草，
技巧是水槽前方種較矮的水草，後
方種較高的水草。

7. 安裝懸吊式過濾器和螢光燈

在水槽內側的前方安裝螢光燈，後方安裝懸吊式過濾器，
並將電源打開。待水安定以後，將飼養的水生物放入。

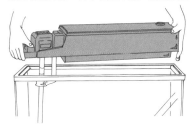

8. 放入所飼養的水生物

不要將剛買回來的水生物立刻倒
入水槽中，可以讓牠們先隔著塑
膠袋適應一下水溫。

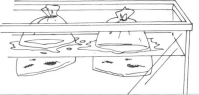

更換部分水的方法

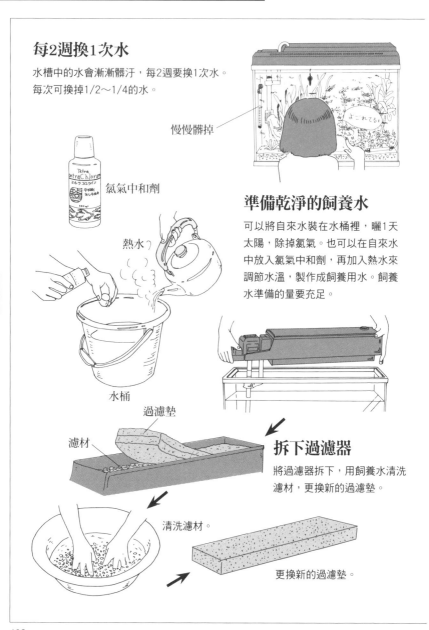

每2週換1次水

水槽中的水會漸漸髒汙，每2週要換1次水。
每次可換掉1/2～1/4的水。

慢慢髒掉

氯氣中和劑

熱水

水桶

準備乾淨的飼養水

可以將自來水裝在水桶裡，曬1天
太陽，除掉氯氣。也可以在自來水
中放入氯氣中和劑，再加入熱水來
調節水溫，製作成飼養用水。飼養
水準備的量要充足。

過濾墊

濾材

拆下過濾器

將過濾器拆下，用飼養水清洗
濾材，更換新的過濾墊。

清洗濾材。

更換新的過濾墊。

將水吸出，清洗水槽內壁

幫浦頭上下調整到適合的高度，將混在砂礫中吃剩的食物及殘屑連同髒掉的水一起吸出來。水吸乾後，用專用的清潔海綿將水槽內壁清洗乾淨。

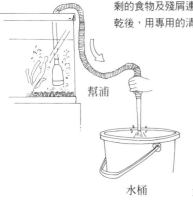

幫浦

水桶

專用清潔海綿

幫浦

浮板

飼養水

注入飼養水

將新的飼養水以幫浦注入。可先在水面上放置一塊浮板，從上方注水，以免水槽中的砂礫被攪亂。

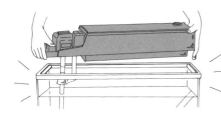

將過濾器裝回原位

將清洗乾淨的濾材放回過濾器，更換新的過濾墊，然後將過濾器裝回原位。

193

水槽大掃除的方法

拆下螢光燈和過濾器

首先拆下螢光燈和過濾器。將
過濾器的濾材以飼養水清洗，
並更換新的過濾墊。

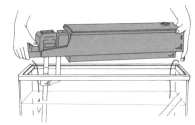

將魚移至他處，
拔起水草

準備一個容器，裡面注入水槽
裡的水，用小網子將魚撈起移
過去。將水草拔起，適度修剪
一下。

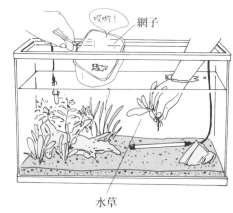

哎喲！　網子

水草

空氣幫浦

水槽裡的水

空氣石

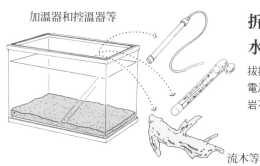

加溫器和控溫器等

流木等

拆下加溫器和
水溫計

拔掉加溫器和控溫器的
電源，並取出水溫計、
岩石、流木等等。

清洗各種器具

過濾裝置、管子、加溫器、流木等所有的器具。一邊用刷子
和海綿刷洗，一邊用清水將汙垢沖乾淨。

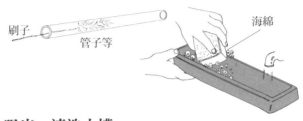

刷子
管子等
海綿

將水吸出，清洗水槽

用幫浦將水完全吸出，以專用清潔海綿擦洗水槽內壁。
並用自來水清洗幾次砂礫。

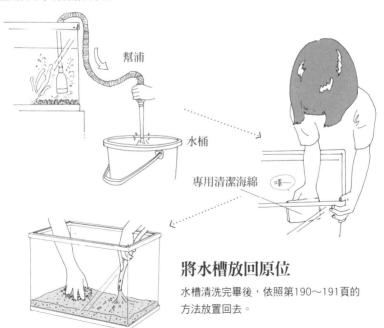

幫浦

水桶

專用清潔海綿

嘿一

將水槽放回原位

水槽清洗完畢後，依照第190～191頁的
方法放置回去。

水草的培育方法

必要的用品

水草要行光合作用才能夠生長，此即安裝螢光燈的目的之一。一個60公分的水槽，至少要安裝20瓦的螢光燈。另外要準備一把修剪水草的剪刀。肥料有埋在砂裡的及溶在水裡的。如果養的魚數量較多，也可以不要肥料。

螢光燈

剪刀　　　　　　　肥料

種植方法

有莖類的水草

在長出葉子之下的3公釐處切斷，摘除2組葉子後插入砂中，不久從葉子摘除的地方會長出根來。

切斷

葉子以下3公釐處切斷。　　摘除2組葉子。　　植入砂中。

放射性的水草

將根剪到只剩5公分，在砂面上挖個洞種進去，四周再用砂填滿。

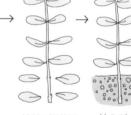

剪斷

將根剪到只剩5公分。　　植入。

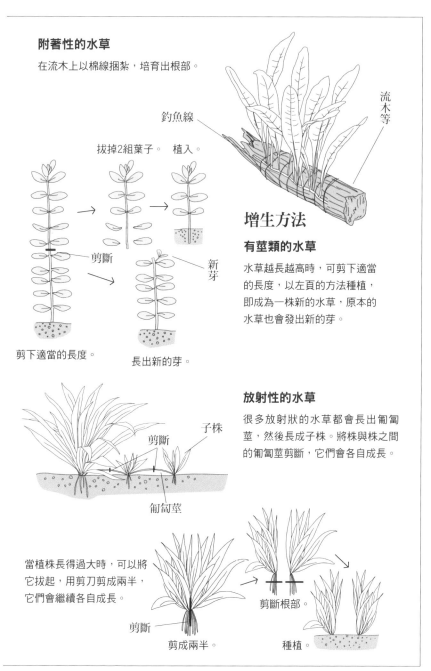

附著性的水草

在流木上以棉線捆紮，培育出根部。

釣魚線

拔掉2組葉子。　植入。

剪斷

新芽

剪下適當的長度。

長出新的芽。

流木等

增生方法

有莖類的水草

水草越長越高時，可剪下適當的長度，以左頁的方法種植，即成為一株新的水草，原本的水草也會發出新的芽。

放射性的水草

很多放射狀的水草都會長出匍匐莖，然後長成子株。將株與株之間的匍匐莖剪斷，它們會各自成長。

子株

剪斷

匍匐莖

當植株長得過大時，可以將它拔起，用剪刀剪成兩半，它們會繼續各自成長。

剪斷

剪成兩半。

剪斷根部。

種植。

197

鱂魚

飼養要訣

鱂魚屬雜食性，對水溫的變化和水質的髒汙適應力很強，是一種很容易飼養的魚類，不妨嘗試讓牠產卵。

雄

平行四邊形

雌

三角形

如何取得

野生鱂魚經常成群集結在小溪或渠道上游動，用網子就可以撈得到，變種鱂魚則可在水族店買到。最好是同時飼養雄魚、雌魚各5隻。

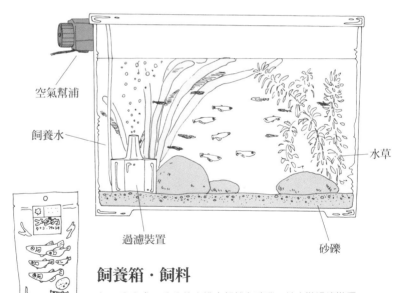

空氣幫浦

飼養水

過濾裝置

水草

砂礫

鱂魚用配方飼料

飼養箱・飼料

在30公分或45公分的水槽底部鋪上砂礫，並安裝過濾裝置，注入飼養水，種上水草。可用市售的鱂魚飼料，每天餵食1次即可。

日常照顧

飼養水變少時

飼養水會自然蒸發而變少，當水變少了要補充。

吃剩的飼料立刻清除

有時餵食的餌料即使已減少到半天份，但還是會剩下，此時可以用吸管將沒有吃完的飼料吸出來。

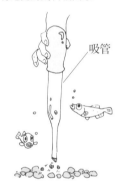

吸管

過濾裝置和飼養水不要同時更換

為了保護能淨化水質的細菌，不要同時置換已經汙髒的過濾裝置和新的飼養水，而要盡量將二者錯開置換。

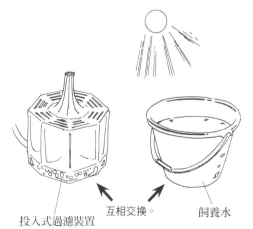

投入式過濾裝置

互相交換。

飼養水

將自來水放在水桶裡曬1天太陽，或是投入氯氣中和劑，就成了飼養水。

使卵孵化

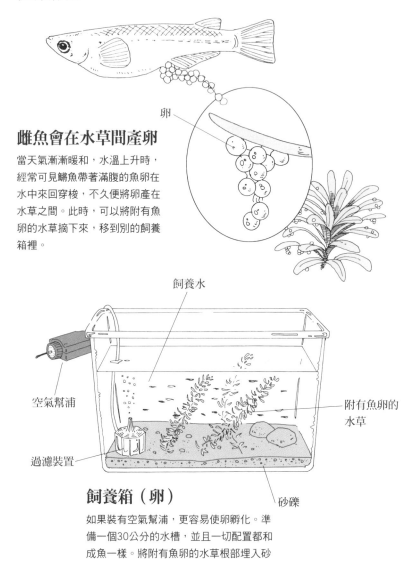

雌魚會在水草間產卵

當天氣漸漸暖和，水溫上升時，經常可見鱂魚帶著滿腹的魚卵在水中來回穿梭，不久便將卵產在水草之間。此時，可以將附有魚卵的水草摘下來，移到別的飼養箱裡。

卵

飼養水

空氣幫浦

過濾裝置

附有魚卵的水草

砂礫

飼養箱（卵）

如果裝有空氣幫浦，更容易使卵孵化。準備一個30公分的水槽，並且一切配置都和成魚一樣。將附有魚卵的水草根部埋入砂礫裡，大約2週即會孵化。

飼養箱・飼料（幼魚）

將孵化出來的幼魚繼續留在同一個飼養箱裡就可以了。幼魚大約2個月可以長大為成魚，需要注意的是，如果成長階段飼料不足，體型比較不容易長大。當幼魚長到有成魚一半大的時候，就可以移回到成魚的水槽裡。

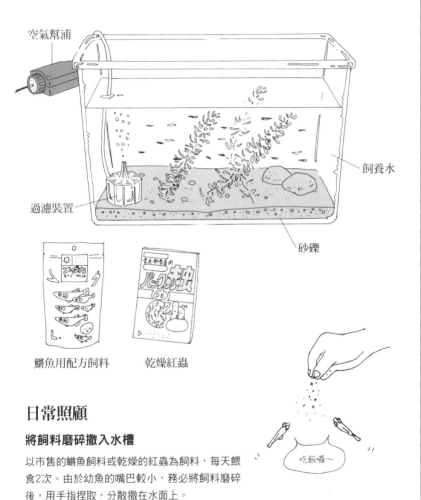

空氣幫浦

飼養水

過濾裝置

砂礫

鱂魚用配方飼料　　乾燥紅蟲

日常照顧

將飼料磨碎撒入水槽

以市售的鱂魚飼料或乾燥的紅蟲為飼料，每天餵食2次。由於幼魚的嘴巴較小，務必將飼料磨碎後，用手指捏取，分散撒在水面上。

吃飯囉～

大肚魚

飼養要訣

大肚魚屬雜食性,對水溫的變化和水質的髒汙適應力很強,是一種很容易飼養的魚類。和鱂魚不同的是,大肚魚的雌魚會在腹中將卵孵化,行卵胎生。當大肚魚有生產跡象時,要將牠移到另一個飼養箱。

如何取得

在小溪或渠道上,用網子就可以撈得到。鱂魚和大肚魚在外型上可以由尾鰭區分,鱂魚呈三角形,大肚魚則是圓形。雄大肚魚的臀鰭變形為細長的交尾器,雌魚的體型較大。

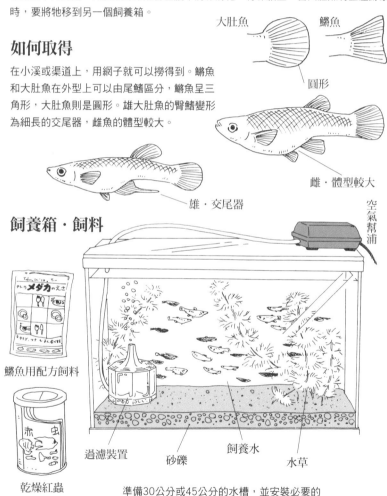

大肚魚　　鱂魚

圓形

雄・交尾器

雌・體型較大

飼養箱・飼料

空氣幫浦

鱂魚用配方飼料

乾燥紅蟲

過濾裝置　　砂礫　　飼養水　　水草

準備30公分或45公分的水槽,並安裝必要的設備。以鱂魚用配方飼料或乾燥紅蟲餵食。

日常照顧

雌魚肚子變大時

準備一個新的水槽，裡面放入一個稱為「魚圈」的器具。將雌魚放入魚圈裡，魚圈的底部有一條細縫，能讓剛出生的幼魚從底部的細縫滑出游入水槽中。

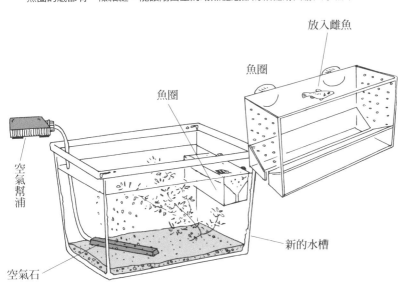

放入雌魚

魚圈

魚圈

空氣幫浦

新的水槽

空氣石

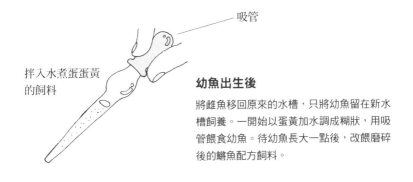

吸管

拌入水煮蛋蛋黃的飼料

幼魚出生後

將雌魚移回原來的水槽，只將幼魚留在新水槽飼養。一開始以蛋黃加水調成糊狀，用吸管餵食幼魚。待幼魚長大一點後，改餵磨碎後的鱂魚配方飼料。

金魚・鯽魚・鯉魚

飼養要訣（金魚）

是一種容易飼養的魚類，但要
盡量飼養在寬敞的水槽裡。

金魚

如何取得

可以到水族店選購有元氣的金魚。
好好養牠，是可以活很久的。

飼養箱・飼料

準備一個45公分的水槽。
餵食配方飼料即可。

人工水草

空氣幫浦

金魚飼料

過濾裝置

飼養水　　砂礫　　岩石

日常照顧

吃剩的飼料立刻清除

有時候即使只餵少量的飼
料，還是吃不完。如果有
這種情形，就用吸管把沒
吃完的食物吸出來。

吸管

當金魚嘴巴不停開合時

當金魚張著嘴巴在水面上一開一合
時，就表示水質已經很不好了，趕
快更換乾淨的飼養水。

救命啊！　　好痛苦喔～

冬季也要讓金魚活動

冬季時水溫降低，金魚喜歡躲在水槽底部一動也
不動。如果仍想欣賞金魚游動的姿影，可以安裝
加溫器和控溫器，使水溫升高到15℃以上。

飼養要訣（鯽魚・鯉魚）

這兩種魚什麼都吃，對惡劣水質的適應力也很強，算是很容易飼養的魚類。因為體型會長得很大，最好養在較大的水槽裡。

鯉魚

如何取得

可以到水族店購買、到河邊用網子打撈，或是用魚竿來釣。選擇體表美麗的鯉魚。

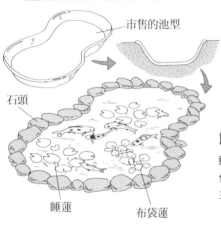

市售的池型

石頭

睡蓮

布袋蓮

如何建造魚池

先到市面上購買現成的水池模型，將底部埋在庭院中，注入自來水後放置1～2天將氯脫除。池子裡可以放些種在盆子裡的睡蓮，或是漂浮水面的布袋蓮。

飼料

鯽魚和鯉魚雖然什麼都吃，但仍以配方飼料加上麥麩為主食。

錦鯉のえさ

日常照顧

夏季要搭建遮蔭棚

夏天時日曬嚴重，要在池子的一側搭上木板，讓鯽魚或鯉魚有遮蔭的地方。

木板

當水髒汙時

如果魚是養在屋外的水池裡，基本上可以不必全部換水，只要用水桶舀出髒水，再加入新的水即可。因為不是大量換水，所以直接用自來水就可以了，而且也不需要除氯。

泥鰍

飼養要訣

泥鰍是很容易飼養的魚類。由於牠有潛入砂裡的習性，因此水槽裡的砂要盡量細。

如何取得

春天時到小溪邊有水湧出的地方，先在下游張起網子，然後到上游用腳踩踏河底的砂或泥，將泥鰍往下游趕，就可以網到牠。

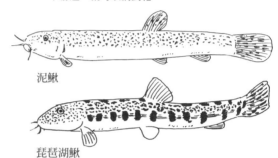

泥鰍

琵琶湖鰍

飼養箱・飼料

取一個45公分的水槽，配備好需要的裝置。因為泥鰍會在砂裡反覆地鑽進鑽出，所以不需要栽種水草。可以用配方飼料或線蚯蚓餵食。

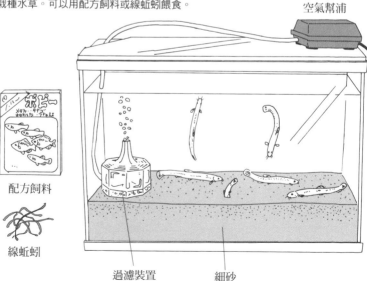

配方飼料

線蚯蚓

空氣幫浦

過濾裝置　　細砂

日常照顧

和其他的魚一起飼養

泥鰍喜歡沉在水底，飼養箱中如果只養泥鰍，會覺得上半部空盪盪的，不妨加入體型小、喜歡到處游動的鱂魚混泳，可以更添樂趣。但要注意的是，需費心將飼料餵給總是停留在箱底的泥鰍。

鱂魚 （早安！）

（一起玩吧！）

泥鰍 （請多指教！） （啥？）

冬季也要讓泥鰍活動

冬季時水溫降低，泥鰍喜歡躲在砂中或水槽底部一動也不動。如果仍想欣賞泥鰍游來游去的樣子，可以安裝加溫器和控溫器，使水溫升高到15℃以上。

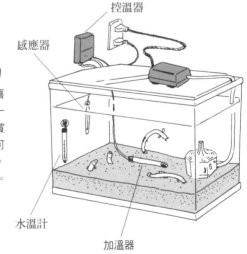

控溫器

感應器

水溫計

加溫器

鰟鮍魚

飼養要訣

成魚比較容易飼養。鰟鮍魚（牛屎鯽）會在二枚貝上產卵，並在貝中將卵孵化。出生不久後會在貝中長大，但二枚貝的飼養十分困難，也不容易繁殖。

如何取得

在小溪裡放置網子或自置採集器，就可撈到。鰟鮍魚在春天進入繁殖期，雄魚的顏色會變得很美麗，雌魚則仍維持原來不顯眼的顏色，且體型也比較小。

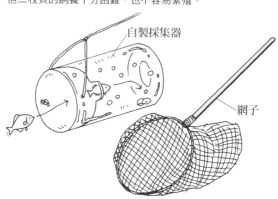

自製採集器

網子

飼養箱・飼料

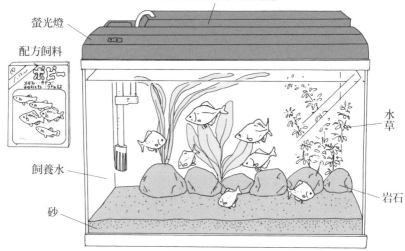

空氣幫浦和懸吊式過濾器

螢光燈

配方飼料

飼養水

砂

水草

岩石

準備60公分的水槽，並安裝必要的裝置。飼料用配方飼料。如果要放入二枚貝，要以石頭將砂和水草隔開。二枚貝的飼料可用市售的貝類專用飼料。

日常照顧

觀察繁殖期

鱎鮍魚的繁殖雖然十分困難，但也不妨抱著挑戰的心態試試看。當雄魚的身體變成耀眼的藍或紅的婚姻色，就表示繁殖期快到了。

雄魚的體表會變成婚姻色

放入二枚貝

接近鱎鮍魚的繁殖期時，可以採集石貝和褶紋冠蚌等二枚貝放入水槽中。如果覺得採集貝類太麻煩，也可以直接到觀賞魚店購買。

石貝

褶紋冠蚌

產卵後

雌魚會伸出產卵管，將卵產在貝裡，雄魚再把精子射進去。當雌魚將產卵管縮回去時，即可將二枚貝移到別的水槽中。在貝中孵化的幼魚3週後會從貝裡出來。可以用配方飼料和豐年蝦餵食。

雄

雌

產卵管

二枚貝

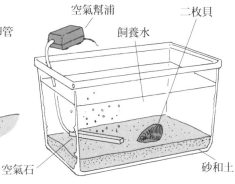

空氣幫浦　　二枚貝

飼養水

空氣石　　砂和土

羅漢魚・諸子魚・溪哥

飼養要訣

對水溫變化的適應力很強，十分容易飼養。但飼養場所要盡量寬敞。

如何取得

在小溪或田間渠道放置
網子或自製採集器，即
可撈捕到。

飼養箱・飼料

自製採集器

網子

幫浦和上部過濾器

螢光燈

配方飼料

乾燥的紅蟲等

水草　　　　砂礫　　　　岩石

準備60公分的水槽，並安裝必要的裝置。飼料
以配方飼料為主，偶爾可搭配紅蟲或線蚯蚓。

日常照顧

如何協助產卵（羅漢魚、諸子魚等）

要使羅漢魚、諸子魚能夠順利產卵，可以在水槽中放入一塊平坦的石頭，或是豎立一根塑膠管，牠們便會到石頭或塑膠管表面產卵。由於雄魚會照顧卵，所以不將卵移到別的水槽也沒關係。

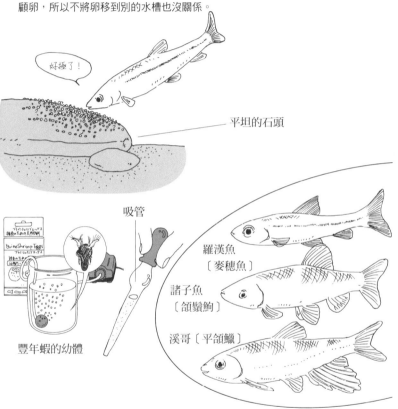

好極了！

平坦的石頭

吸管

豐年蝦的幼體

羅漢魚
〔麥穗魚〕

諸子魚
〔鬚鮈〕

溪哥〔平頜鱲〕

幼魚出生後

幼魚出生後，可以放在另一個水槽中飼養。飼料最好是豐年蝦的幼體，可以用吸管餵食。等到再長大一點，可改用配方飼料，以手指均勻撒在水面。

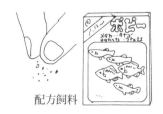

配方飼料

河蟹・河蝦

飼養要訣（河蟹）

飼養河蟹不需太多水，但如果不經常換水，很容易發出臭味，這一點需要特別注意。

雄　窄

雌　寬

如何取得

河川上游水邊較蔭涼的地方或岩石下，經常可以發現河蟹。雌蟹腹部比雄蟹寬大。

飼養箱・飼料

多放些石頭在水槽裡，搭建出可以躲藏的地方。飼料包括米飯、小魚乾、線蚯蚓等等，最好放在小碟子裡，傍晚時餵食。

飼料

線蚯蚓

米飯

小魚乾

飼養水　　　岩石　　砂礫

日常照顧

吃剩的飼料立刻清除

因為水槽裡不是很清潔，吃剩的食物最晚要在隔天早上清除。

飼養在氣溫變化小的地方

水槽的溫度不要太熱也不要太冷，最好是放在溫度變化小的場所。

雌蟹抱卵時

夏天是河蟹產卵的季節，不妨仔細觀察雌蟹有趣的抱卵行為。大約1個月後小蟹會出生。

飼養要訣（河蝦）

可以在水槽中多種些水草，讓河蝦有遮蔽的地方。如果和其他的魚一起飼養，不要忘了安裝過濾裝置。

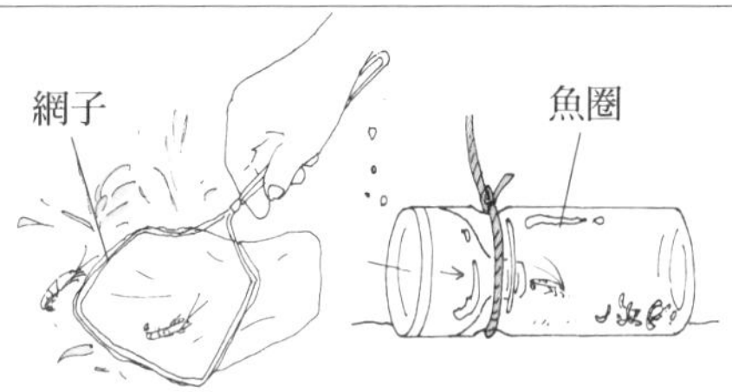
網子
魚圈

如何取得

將池塘和河川中的水草連同根部一起拔起，或是在傍晚時將魚圈放入池塘或河川中，第二天回收時一定可以採集到條蝦或沼蝦。

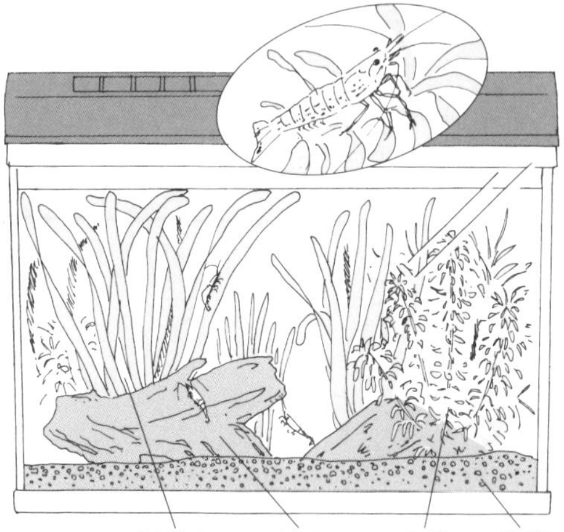
飼養水
流木
水草
砂礫

飼養箱・飼料

在水槽中放入流木及多量的水草。沼蝦會吃水草上的青苔，條蝦可以餵食配方飼料。

哈囉！
喲吼！
過濾裝置

日常照顧

和其他的魚一起飼養時

水槽中只飼養河蝦是十分單調的，為了更增添趣味，可以放入鱂魚等小型魚類，但需要安裝過濾裝置。

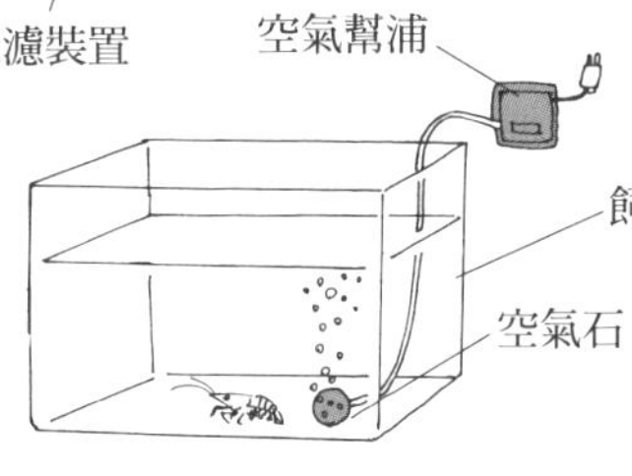
空氣幫浦
飼養水
空氣石

雌蝦腹部有大量卵時

當雌蝦腹部裡有大量的卵時，可將牠移到別的水槽裡。孵化後會生出外型像水蚤的幼體。可將配方飼料調水後用吸管餵食。

美國螯蝦

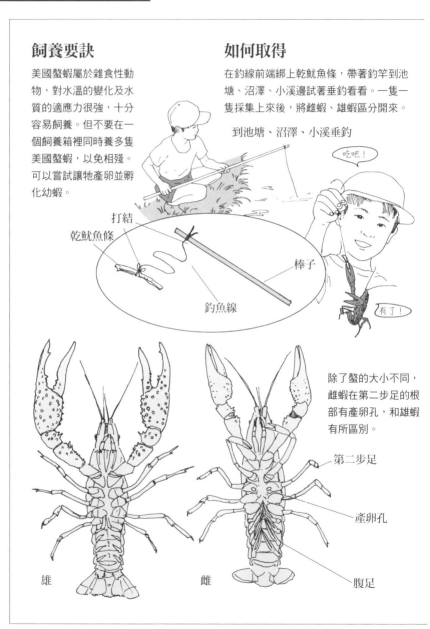

飼養要訣

美國螯蝦屬於雜食性動物，對水溫的變化及水質的適應力很強，十分容易飼養。但不要在一個飼養箱裡同時養多隻美國螯蝦，以免相殘。可以嘗試讓牠產卵並孵化幼蝦。

如何取得

在釣線前端綁上乾魷魚條，帶著釣竿到池塘、沼澤、小溪邊試著垂釣看看。一隻一隻採集上來後，將雌蝦、雄蝦區分開來。

到池塘、沼澤、小溪垂釣

吃吧！

有了！

打結

乾魷魚條

棒子

釣魚線

除了螯的大小不同，雌蝦在第二步足的根部有產卵孔，和雄蝦有所區別。

第二步足

產卵孔

腹足

雄

雌

飼養箱・飼料

在45公分的水槽底部，放入厚4～5公分的砂礫，並安裝空氣幫浦和空氣石。
注入已除氯的水，種植一些水草，配置破掉的缽盆和流木，當作螯蝦的遮蔽
所。飼料可用市售的螯蝦飼料、萵苣等青菜、小魚乾、土司、魚片等。很多
螯蝦也會吃水草。

空氣幫浦

水草

飼養水

破掉的缽盆　　空氣石　　砂礫

萵苣等青菜

土司

市售的螯蝦飼料

日常照顧

換水

吃剩的飼料要立刻清除，不然水
質會越來越差。此外，還要經常
換水，保持飼養箱的清潔。

215

如何使卵孵化

雌蝦產卵後

雌蝦在春季到秋季產卵,如果發現雌蝦腹足周圍附著許多紫色的卵,就把牠移到別的飼養箱。

卵

飼養箱

準備一個30公分的水槽,裝上空氣幫浦和空氣石,注入飼養水,在砂上放置破掉的缽盆當作遮蔽所。飼料可以和之前相同,不需要改變。要注意的是,需經常換水。

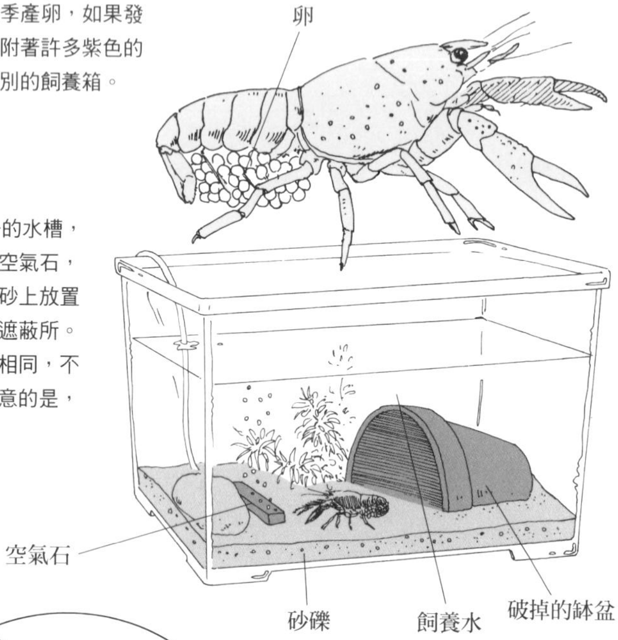

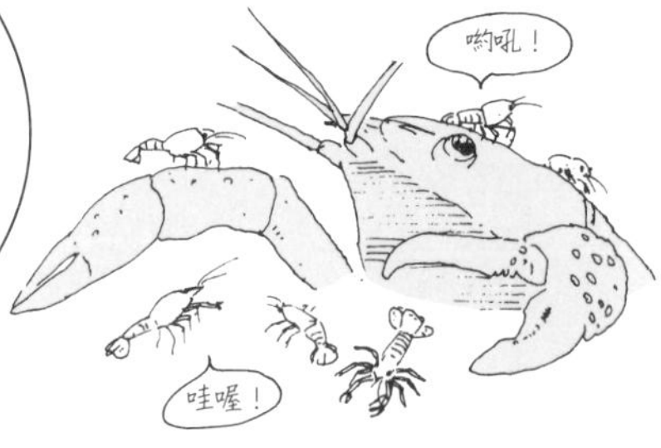

空氣石

砂礫　　飼養水　　破掉的缽盆

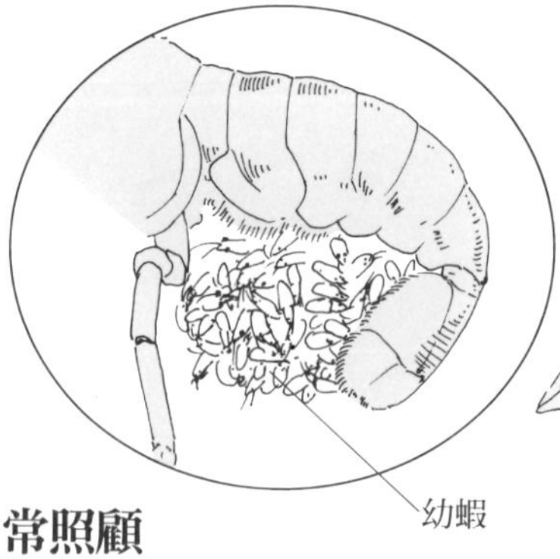

哟吼!

哇喔!

幼蝦

日常照顧

卵產出後大約2週會孵化。螯蝦的雌蝦和幼蝦之間有線相互連結。

當幼蝦開始漸漸離開雌蝦時,可將雌蝦移回原本的飼養箱,只留下幼蝦繼續飼養。

如何飼養幼蝦

飼養箱・飼料

可以和雌蝦、雄蝦飼養在同一個飼養箱裡，並餵給相同的飼料
就可以了。幼蝦會隨著幾次的蛻皮漸漸成長。

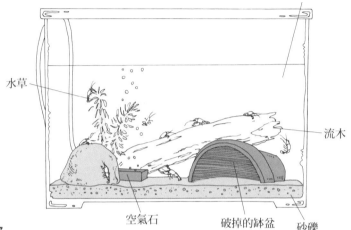

飼養水

水草

流木

空氣石　　破掉的缽盆　　砂礫

注意蛻皮

幼蝦會一邊進行蛻皮、一邊成長。蛻皮的時候，幼蝦是完全不動的，此時如果周遭
環境有太大的變異，會影響蛻皮順利進行。蛻下的皮不要撈出來丟棄，因為幼蝦會
將它吃掉。蛻皮的時候經常會發生彼此相殘的情形，需要特別注意。

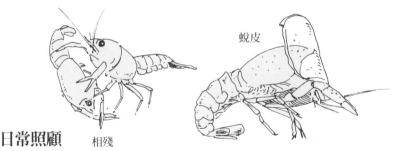

蛻皮

日常照顧　相殘

注意是否有相殘的情形發生

幼蝦隨著成長，會開始互相打鬥，此時只要留下欲飼養的數量，其他的放回池塘或
河川裡。螯蝦會在土裡挖穴，侵害農作物的根部，因此不要將牠們放生到田裡。

孔雀魚 · 日光燈魚 · 老鼠魚

飼養要訣

雄　顏色鮮豔

雌　顏色黯淡

日光燈魚（霓虹脂鯉）

雖然體型很小，但十分容易飼養。
最適合的水溫為20～25℃。由於
不耐高溫，夏季時須特別注意。

孔雀魚

是一種飼養起來很輕鬆的魚。
最適合的水溫為20～25℃。
幼魚會接連不斷地出生，小心
數量增加得太快。

老鼠魚（兵鯰）

是一種體型小、性格溫和的魚類。喜歡
往水底游，可以在水槽中鋪些圓形的小
石頭，但不要種植太多水草。水溫20
～25℃最為適合。

雌魚的體型較大〔三線兵鯰〕

如何取得

直接到水族店選購色彩美麗、有元氣的魚隻。

孔雀魚

在45公分的水槽裡可同時飼養10隻左右，雌雄各半。

日光燈魚

雌雄數量平均，一次飼養20隻以上，讓飼養箱
看起來很熱鬧。

老鼠魚

喜歡結為群體，雌雄加起來一次飼養5隻以上。

飼養箱・飼料

孔雀魚

45～60公分的水槽，水溫控制在20～25℃。可用配方飼料或冷凍紅蟲餵食。

日光燈魚

45～60公分的水槽，水溫控制在20～25℃。可用配方飼料或線蚯蚓餵食。

老鼠魚

如果只養老鼠魚，45公分的水槽就夠用了。水溫在22～25℃最為合適。
可用線蚯蚓或市售的配方飼料餵食。

空氣幫浦　　螢光燈　　懸吊式過濾器

控溫器

水溫計

飼養水

砂礫　　水草

加溫器

配方飼料　　冷凍紅蟲　　線蚯蚓

不要餵太多飼料，
1天大約餵2次即
可，每次只給需要
的量。

如果讓剛繁殖出來的幼魚留在原來的水槽裡，很可能被雄魚、雌魚吃掉。因此幼魚在長大前要分開飼養。

日常照顧

孔雀魚

當雌魚腹部日漸膨大時，將牠移到另一個水槽裡，並在裡面放置稱為「魚圈」的器具。雌魚在魚圈裡生出的小魚，可以從魚圈底部的細縫游出去。秋季到冬季，打開加溫器和控溫器。

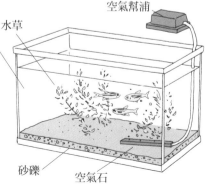

空氣幫浦

魚圈

空氣石

飼養水

砂礫

魚圈

將雌魚放入

幼魚會游出來

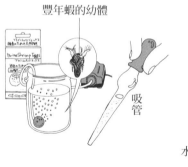

豐年蝦的幼體

吸管

幼魚出生後，將雌魚移回到原來的水槽，讓幼魚單獨在新的水槽裡長大。一開始可以餵豐年蝦的幼體，或以水調配方飼料後用吸管餵食。再長大一點，可將配方飼料用手指捻碎，均勻撒在水面上餵食。

空氣幫浦

水草

飼養水

砂礫

空氣石

日光燈魚

接近繁殖期時，將2隻雄魚、1隻腹部膨大的雌魚移到另一個較小的水槽，雌魚會在水草上產卵。產卵後，將雄魚、雌魚都移回原來的水槽。卵很快會孵化。秋季到冬季，打開加溫器和控溫器。

當幼魚游出來以後，可以在水槽裡放個破掉的缽盆，當作幼魚的遮蔽所。可用豐年蝦的幼體餵食，成長後將配方飼料用手指捻碎，均勻撒在水面上餵食。

可以躲進去！

破掉的缽盆

將配方飼料磨碎

豐年蝦的幼體

老鼠魚

老鼠魚喜歡停留在水底，會使水槽上部看起來很單調。準備60公分的水槽，同時放入會到處游動的孔雀魚和日光燈魚混泳，能夠增添觀賞的樂趣。但要費心的是，需將餌料餵給總是停留在箱底的老鼠魚。

皇冠草等的水草

老鼠魚會在葉面寬大的水草上產卵，將附著卵的水草移到新的水槽裡種植。

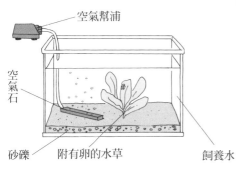

空氣幫浦

空氣石

砂礫　　附有卵的水草　　飼養水

豐年蝦的幼體

將附有魚卵的水草種在砂礫後，魚卵3天左右就會孵化。孵化後的幼魚可餵食豐年蝦的幼體，稍大一點可餵食磨碎的配方飼料。秋季到冬季，打開加溫器和控溫器。

神仙魚

飼養要訣

很容易飼養，但是要注意水槽裡的水是否乾淨。如果要讓牠產卵的話，須另外準備一個水槽。

如何取得

可直接到水族店購買雄魚、雌魚共5隻左右。選擇魚鰭長而完好的魚隻。

選擇魚鰭完好的

飼養箱・飼料

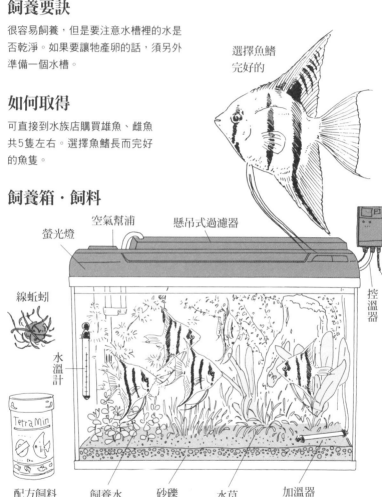

螢光燈
空氣幫浦
懸吊式過濾器
控溫器
線蚯蚓
水溫計
配方飼料
飼養水
砂礫
水草
加溫器

將60公分的水槽溫度控制在25～26℃。飼料可用配方飼料或線蚯蚓。

日常照顧

當配對魚出現時

如果兩隻神仙魚開始追趕其他的魚時，很可能是牠們即將交配。此時可將這兩隻魚移到繁殖用水槽。

準備新的水槽

準備好新的水槽，將配對的魚移過去。雌魚會將卵產在水草上或幫浦的水管表面，不妨種植葉面較大的水草。秋季到冬季，打開加溫器和控溫器。如果配對的魚是在原來的水槽中產卵，就把其他的魚移到新的水槽。

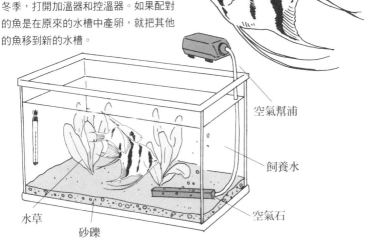

空氣幫浦

飼養水

空氣石

水草

砂礫

幼魚出生後

雌魚會保護卵和剛出生的幼魚。幼魚游出來後，餵食豐年蝦的幼體或幼魚飼料。可以暫時將幼魚和雌魚養在一起，但如果發現雌魚吃幼魚的現象，則將雌魚放到別的水槽去。

豐年蝦的幼體和幼魚飼料

四間魚

飼養要訣

四間魚（虎皮魚）算是一種十分容易飼養的魚，即使水質不好也無所謂，不需要太費心經常換水。因為很喜歡追趕其他的魚，最好是單獨飼養。

選擇體表完整的魚〔四帶無鬚魮〕

如何取得

到水族店一次購買雄魚、雌魚共10隻。選擇體表完好的。

螢光燈　空氣幫浦　懸吊式過濾器　控溫器

水溫計

感應器

飼養水

水草

加溫器

砂礫

配方飼料

冷凍紅蟲

飼養箱・飼料

將60公分的水槽溫度控制在20～26℃。
可用配方飼料或冷凍紅蟲餵食。

日常照顧

每週1次更換部分的水

雖然四間魚對惡質的水適應力頗強，
但最好還是每週1次更換1/3～1/4的水。

幫浦

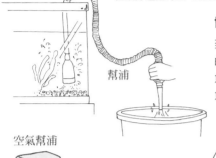

協助配對

到了繁殖期，體表已經呈現婚姻色
的雄魚，會開始追趕腹部膨大的雌
魚。將其中精力最旺盛的雄魚和雌
魚一同移到繁殖用水槽。

雄

空氣幫浦

婚姻色

頭部和尾鰭的一部分呈現
淺淺的橙色，背鰭和腹鰭
的邊緣變成深橘色。

空氣石

飼養水

莫絲水草

水槽中可以種植莫絲水草當作四間魚的產卵所。
秋季到冬季，打開加溫器和控溫器。產卵後，將
雌魚移回原本的水槽。

豐年蝦的幼體

幼魚出生後

卵1天即可孵化，幼魚大約2天就會游泳。
可用豐年蝦的幼體餵食，長到較大時，可
改為磨碎的配方飼料。

雀鯛 · 蝴蝶魚

飼養要訣（雀鯛）

是一種美麗的海水魚，但如果生活在惡質的水中，身體的顏色會變得暗沉。

體表沒有受傷的

〔藍綠光鰓雀鯛〕

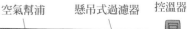

如何取得

可以到水族店選購身體完好無損的魚。夏季到秋季，在海濱用網子就可以採集到。

飼養箱 · 飼料

在80公分的水槽中飼養4～5隻，水溫控制在24～28℃。可以用配方飼料或豐年蝦的幼體餵食。

螢光燈　空氣幫浦　懸吊式過濾器　控溫器

附有海藻的岩石

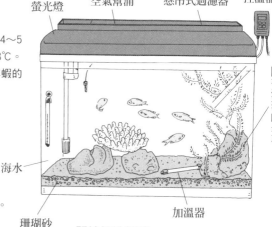

日常照顧

產卵

如果開始躲進榮螺的殼中，很可能就要產卵了。

海水

珊瑚砂

加溫器

將卵移開

由於幼魚會被雌魚吃掉，因此產下的卵最好移到別的水槽去。幼魚可餵食磨碎的配方飼料。

開始搶地盤時

幼魚隨著成長會開始彼此爭奪勢力範圍，較弱勢的魚會逃開躲到隱蔽的地方，此時需注意的是，要費心將飼料餵給牠們。

配方飼料

豐年蝦的幼體

在這裡好安心～

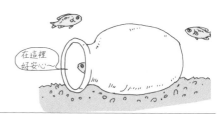

飼養要訣（蝴蝶魚）

身體扁平的可愛海水魚向來是極受歡迎的魚種，其中有吃珊瑚蟲的肉食性的，以及雜食性的海水魚，以雜食性的較容易飼養。

人字蝶
〔揚旛蝴蝶魚〕

選擇不要太瘦弱的

如何取得

在90公分的水槽飼養4～5隻。可直接到水族店購買體型不要太瘦弱的。

飼養箱

將90公分水槽的溫度控制在23～25℃。

空氣幫浦　　懸吊式過濾器　　控溫器

螢光燈

附有海藻的岩石

岩石　　　海水　　不要鋪珊瑚砂

飼料

雜食性魚種

因為1次只吃一點點，可將片狀的配方飼料1天分成幾次餵食。如果吃得很好，之後就不會有問題了。

肉食性魚種

將蛤蜊、蝦、小魚等切成小塊，用研磨缽磨成糊狀，放進蛤蜊的殼裡，慢慢沉入水槽中餵食。

蝦　　蛤蜊　　小魚

磨碎

研磨缽

魚蝦糊

蛤蜊的殼

日常照顧

經常換水

因為必須反覆餵食，水槽裡的海水很容易就髒了。
海水要每週更換1次，每次換掉1/2～1/3的水量。

狗鰷・狗甘仔・太平洋長臂蝦

飼養要訣（狗鰷・狗甘仔）

生活在海潮積滯的地方，對水溫變化的適應力很強。

狗鰷〔美肩鰓鳚〕

狗甘仔〔尾紋裸頭鰕虎魚〕

如何取得

可以到海潮積滯的地方，用網子採集。

飼養箱・飼料

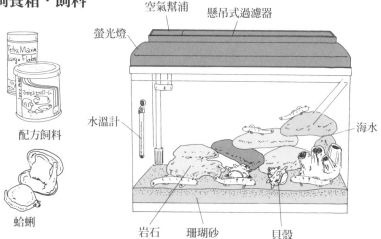

配方飼料

蛤蜊

空氣幫浦

懸吊式過濾器

螢光燈

水溫計

海水

岩石　　珊瑚砂　　貝殼

在60公分的水槽中放入細的珊瑚砂。可以用配方飼料或切碎的蛤蜊餵食。
冬季時打開加溫器，水溫控制在20～25℃。

日常照顧

搭建遮蔽的場所

將幾塊岩石搭在一起、剪一段橡膠管，或是利用蛤蜊的空殼或卷貝，製造遮蔽所。

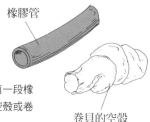

橡膠管

卷貝的空殼

每週1次更換部分的海水

狗甘仔類的水生動物喜歡新鮮乾淨的海水，1週換1次水，每次換掉1/2到1/3。

228

飼養要訣
（太平洋長臂蝦）

任何飼料都可以接受，對水
溫的變化有很強的適應力，
十分容易飼養。

太平洋長臂蝦

繁殖十分困難。

如何取得

春天到夏天，拿著網子到海濱有海藻生長的地方，
應該可以採集到太平洋長臂蝦。

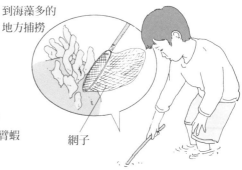

到海藻多的
地方捕撈

網子

飼養箱・飼料

將岩石連同附著的海藻放入水槽，並組合出可以躲藏的遮蔽處。
飼料可用無脊椎動物專用的配方飼料或切碎的蛤蜊。冬季時打開
加溫器，水溫控制在20～25℃。

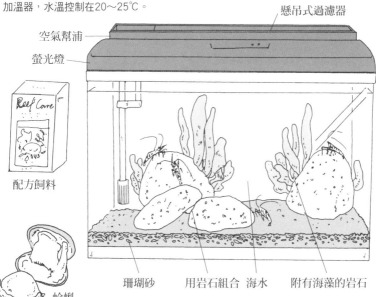

懸吊式過濾器

空氣幫浦

螢光燈

Reef Care

配方飼料

蛤蜊

珊瑚砂　　用岩石組合　海水　　附有海藻的岩石

海葵・海星・岩蟹

飼養要訣（海星）

一般來說，海星類水生動物很不容易飼養，但如果一開始能夠順利餵食，之後應該可以得到很大的樂趣。

如何取得

到海邊將石頭翻過來找找看，或是在潮水積滯的地方，應該很容易採集到海星。

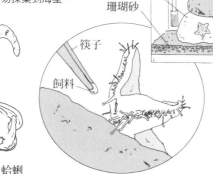

蝦

蛤蜊

筷子

飼料

海水

石頭

珊瑚砂

飼養箱・飼料

可以用蛤蜊或切碎的蝦子餵食。用筷子夾著飼料在海星身邊揮動，引起牠的食慾。

飼養要訣（海葵）

對水溫的變化適應力很強，十分容易飼養。

如何取得

到海濱的岩石上找看看是否有海葵附著。可以用竹刀將牠撬下，再讓牠吸附在平坦的石頭上，放進有水的桶子裡帶回家。

海葵

竹刀

水桶

平坦的石頭

飼養箱・飼料

在水槽裡放入石塊，並互相堆疊。將海葵連同所吸附的石頭一起放進去。可用豐年蝦的幼體或切碎的蝦子放在海葵觸手中心餵食。

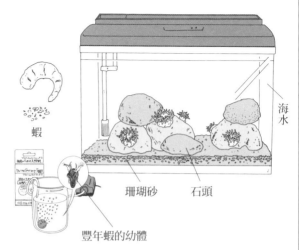

蝦

珊瑚砂　　石頭

海水

豐年蝦的幼體

飼養要訣（岩蟹）

什麼食物都吃，算是很好飼養的水中生物。要在水槽裡搭疊出隱蔽的場所。

如何取得

岩蟹可以在海濱的岩石堆中採集。因為剛出生的幼蟹很難飼養，最好是採集腹部抱卵的雌蟹。

飼養箱・飼料

水槽裡只要注入半滿的海水，讓岩石可以露出水面。飼料可以用切碎的蛤蜊和蝦子。

〔粗腿厚紋蟹〕

海水

露出水面

蛤蜊

蝦

過濾裝置　　珊瑚砂

寄居蟹

飼養要訣

有生活在陸地上的寄居蟹，和生活在海裡的寄居蟹。二者都是雜食性的，很容易飼養。

如何取得

海生的寄居蟹可以在春季至夏季到海邊採集。
陸生的寄居蟹可直接到水族店購買。

海生的寄居蟹

陸生的寄居蟹

海生的寄居蟹
可到海邊採集

飼養箱・飼料（海生寄居蟹）

在水槽中配置一些石頭，做出幾處遮蔽所。可用無脊椎動物專用配方飼料餵食。

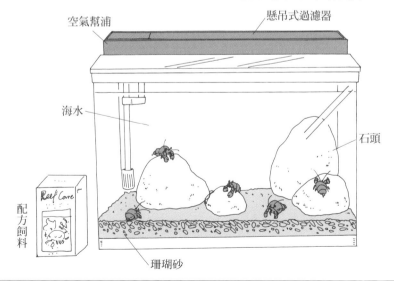

空氣幫浦

懸吊式過濾器

海水

石頭

配方飼料

珊瑚砂

232

海生寄居蟹的卵孵化後

如果採集到的是腹部抱卵的海生雌寄居蟹，很有可能孵化出幼蟹。但由於牠都是在1～2月寒冷的季節孵化，如果一直放在室溫中，孵化的可能性較低，而且幼蟹也不容易養活。如果孵化成功了，將幼蟹移到廣口瓶裡飼養。可用配方飼料或用水調成的蛋黃糊餵食。

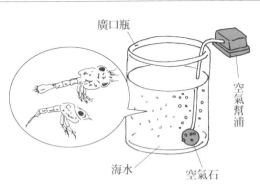

廣口瓶

空氣幫浦

海水

空氣石

飼養箱・飼料（陸生寄居蟹）

在水槽裡放入流木和破掉的缽盆。可用小黃瓜、小魚乾在傍晚餵食，隔天早上清除吃剩的殘渣。

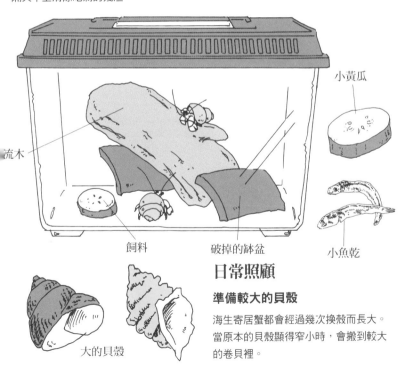

流木

小黃瓜

飼料

破掉的缽盆

小魚乾

日常照顧

準備較大的貝殼

海生寄居蟹都會經過幾次換殼而長大。當原本的貝殼顯得窄小時，會搬到較大的卷貝裡。

大的貝殼

水母

飼養要訣

水溫控制在20～25℃。夏季時盡量將水槽放在涼快的地方。採集或日常照顧水母時，要戴保護手套。

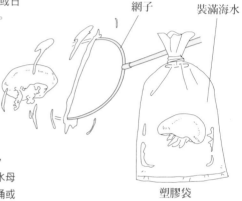

網子

裝滿海水

塑膠袋

如何取得

水母經常漂浮於防波堤和海邊，可以用網子撈捕。將採集到的水母放入裝滿海水的塑膠袋，用水桶或冰桶帶回家。

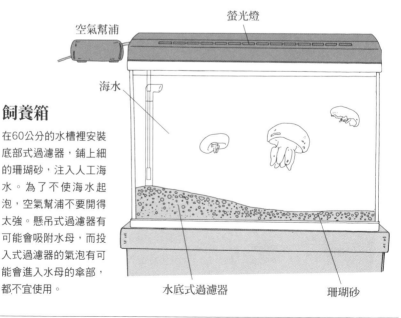

空氣幫浦

螢光燈

海水

飼養箱

在60公分的水槽裡安裝底部式過濾器，鋪上細的珊瑚砂，注入人工海水。為了不使海水起泡，空氣幫浦不要開得太強。懸吊式過濾器有可能會吸附水母，而投入式過濾器的氣泡有可能會進入水母的傘部，都不宜使用。

水底式過濾器

珊瑚砂

飼料

在水槽內餵食，海水很容易變髒，因此改在水槽外餵食。取一個大碗，裝入水槽裡的海水，再用小碗將水母舀出來倒入大碗中。可用剛孵化的豐年蝦，或是蛤蜊剁碎捏成的肉丸餵食，1天1～2次以吸管擠在水母的觸手上。餵食完成後，將水母再放回原來的水槽。大碗裡的海水倒掉，重新加入調配好的人工海水。

小碗

水槽的海水

吸管

大碗

擠在觸手上

蛤蜊剁碎後捏成丸子

豐年蝦

日常照顧

每2週1次，換掉部分的水

水母對不乾淨的水抵抗力很弱。每2週需要換1次海水，每次換掉1/3。換水時將水母放在大碗裡。

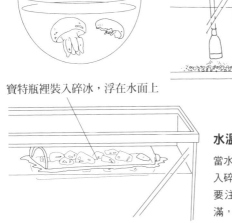

幫浦

寶特瓶裡裝入碎冰，浮在水面上

水溫上升時

當水溫過高時，在寶特瓶裡裝入碎冰，投入水槽中降溫。但要注意的是，寶特瓶不要裝滿，以使其浮在水面上。

如何使水生動物活得更久

要使水生動物活得更好、更久,最重要的就是水質的管理。

水生動物一開始放入水槽時,或是徹底清潔水槽過後,都不要在水槽安置後立刻將水生動物放進去,而要等到飼養水放置一段時間,狀況都穩定了,才將所要飼養的生物慢慢放入。

養了水生動物的水槽裡,飼養水很快就會變髒。變髒的原因不外乎吃剩的食物殘渣和水生動物所排出的糞便。在大自然的環境中,這些廢物會被細菌等微生物或稱為「清道夫」的動物、植物所吸收或分解。水槽是人工環境,沒有大自然的機制,完全要靠飼養生物的人定時清理水中的雜質或是換水。

特別是喜歡生活在乾淨水質中的熱帶魚,為了給牠們一個舒適的環境,不妨到水族店購買可以淨化水質的專用藥品。

有時可以看到水槽的玻璃上附生著青苔,那表示水質良好,而且青苔也有使水潔淨的作用。但如果長得太多、太厚,會讓水槽看起來不乾淨,所以必要時還是要清掃一下。

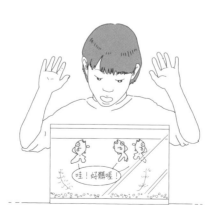

哇!好髒喔!

栽 培

※各種植物的播種期、生長期、開花期與收成期，因地區而
各不相同。較寒冷的地方會晚些，較暖和的地方則早些。

栽培器具・用具

準備方法

以下是植物栽培時會用到的器具，若是一次購買齊全，有的短期內可能用不到。不妨從栽培各種植物的過程中，視情況需要慢慢添購。

栽培槽

缽盆

盛水盤

塑膠襯盆

※該部分稱為灑水口。

灑水壺

尖嘴壺

噴筒

鋤頭

※耕作或墾田時才需要用到鋤頭。如果只是要將土翻鬆，初學者可以用四叉的犁型鋤頭。

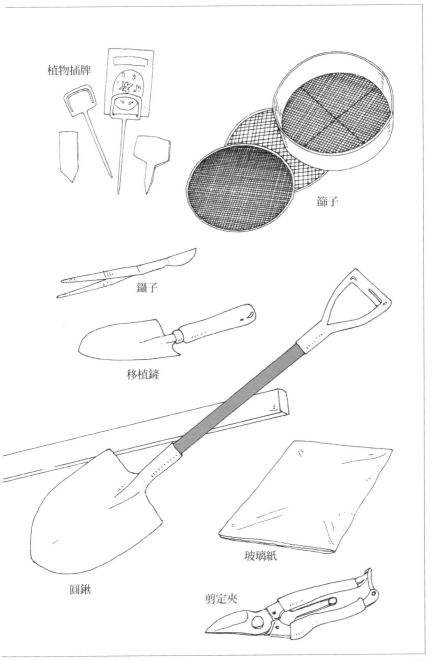

植物插牌

篩子

鑷子

移植鏟

圓鍬

玻璃紙

剪定夾

種子、幼苗和球根的取得

到園藝店購買

園藝店不但品種齊全，並且在植物栽培方面有十分豐富的資訊。在那裡，不但可以諮詢栽培的相關問題，也可以購買種子、幼苗、球根等等。走一趟園藝店，可以把栽培植物的盆缽和合於季節的種子和幼苗都備齊了。

參考型錄購買

不上園藝店，也可以買到種子。許多園藝雜誌上都刊登有園藝店或種苗店的郵購廣告，取得購買型錄後，即可以郵購的方式買到種子。

注意是否符合季節

種子有春天播種的、秋天播種的，幼苗及球根也有適合春天或秋天種植的。購買的時候，要注意是否符合季節，不要買到已經過了栽種期的種子或幼苗。

如何選擇種子

在園藝店可以買到符合當季播種的種子，但最好要確認種子包裝袋上所記載的播種時間說明。此外，雖然有的種子壽命長達數年，但播種的時候盡量將種子用完，不要有剩。

莖部長得過長

莖的節間較密

×

○

如何選擇幼苗

從種子開始培育植物不是簡單的事，不妨直接購買幼苗回來種植，比較輕鬆省事。幼苗宜選擇莖部直挺、葉子完整有光澤的。

莖部粗壯

葉子的色澤沒有生氣

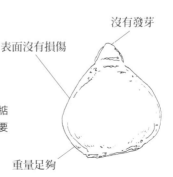

沒有發芽

表面沒有損傷

如何選擇球根

仔細檢查表面沒有損傷，再用手掂掂看，選擇較重的球根。注意不要選已經發芽的。

重量足夠

如何製作土壤

什麼是好的土讓？

所謂好的土壤有幾個條件：土質鬆軟、含氧量高、儲水性強、排水良好等等。但有些植物適合種植在乾燥的土壤裡，因此選擇時還是要以植物本身的需求為主要考量。

市售的園藝用土

如果是將植物種植在只需要少量土壤的缽盆或栽培槽時，直接使用市售的園藝用土是最省事的。如果進一步需要儲水性更好、通氣性更佳的話，可將基本用土更換為改良用土或調節用土，並施以肥料。為了避免蟲子從盆底進入，可在排水口加防蟲網，並在盆底鋪上3公分厚的缽底石。

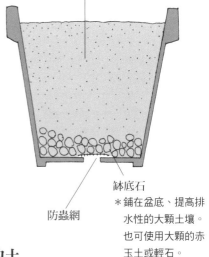

基本用土＋改良用土＋調節用土＋肥料

防蟲網

缽底石
＊鋪在盆底、提高排水性的大顆土壤。也可使用大顆的赤玉土或輕石。

如何製作缽盆和栽培槽的土

播種用土

以小顆的赤玉土，和鹿沼土、蛭石為基本，再混入腐葉土、泥炭土。另外還會用到市售的播種用土，以及較大種子會用到的泥炭土盆等育種用品。

赤玉土8＋腐葉土2

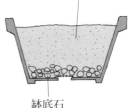

缽底石

壓縮成盆狀的泥炭土

扦插用土

將葉或枝插入土中栽培，在根尚未長出前插入蛭石或鹿沼土中。

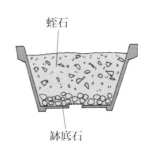

蛭石

缽底石

將園藝用土過篩

如左圖所示，將市售的園藝用土過篩。土壤中的顆粒篩掉後，比較容易混合攪拌。

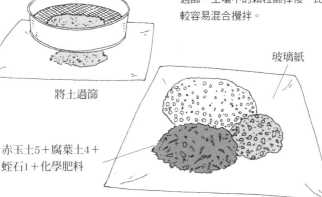

篩子

將土過篩

玻璃紙

赤玉土5＋腐葉土4＋蛭石1＋化學肥料

市售已過篩的園藝用土

如果覺得自己過篩不安心，可以直接購買符合植物所需的園藝用土。有草花用的、球根植物用的及蔬菜用的，還有對應的肥料，十分方便。

草花用

蔬菜用

球根植物用

如何製作花壇的土

苦土石灰

在播種或種植的2週前，適量添加腐葉土、堆肥、化學肥料等。

鬆土

花壇最好是選日照充足、通風良好的地方。在播種或種植的1個月前，先均勻撒上苦土石灰，用鋤頭將地表以下30公分的土翻鬆，使它充分滲入。

石子

殘根

鬆土後，將裡面的石子、殘根都撿乾淨，以使土質更鬆軟。

腐葉土

化學肥料

堆肥

大部分的植物在酸性土壤中都無法發育得很好，因此有必要加入苦土石灰來中和土壤的酸性。石灰的用量以每平方公尺100公克為基準，但馬鈴薯、西瓜等較能抵抗酸性的植物，石灰量則可減少。總之，須依照植物的種類調整。

酸性土壤與植物的關係

	植物種類	石灰（g/m²）
抗酸性強	百合、馬鈴薯、番薯、西瓜等	0～50g
抗酸性弱	金盞花、香豌豆、蘿蔔、番茄、茄子、青椒、小黃瓜、草莓、玉蜀黍、生菜、荷蘭芹等	100g
抗酸性極弱	萊菔、胡蘿蔔、毛豆、菠菜、洋蔥等	150g

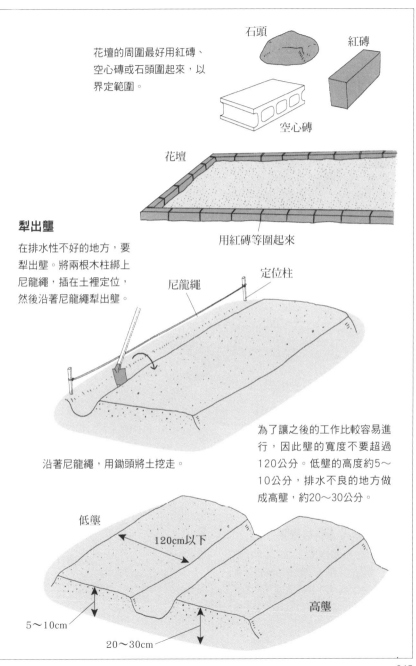

花壇的周圍最好用紅磚、空心磚或石頭圍起來,以界定範圍。

石頭

紅磚

空心磚

花壇

用紅磚等圍起來

犁出壟

在排水性不好的地方,要犁出壟。將兩根木柱綁上尼龍繩,插在土裡定位,然後沿著尼龍繩犁出壟。

尼龍繩

定位柱

沿著尼龍繩,用鋤頭將土挖走。

為了讓之後的工作比較容易進行,因此壟的寬度不要超過120公分。低壟的高度約5～10公分,排水不良的地方做成高壟,約20～30公分。

低壟

120cm以下

高壟

5～10cm

20～30cm

從種子培育的基本方法

如何育種

培育種子有兩個方法：一是將苗先種在平缽或育苗箱裡，之後再移植；一是將苗以較疏散的距離，直接種在花壇或栽培槽裡。如果覺得移植工作很麻煩，可將種子播在塑膠襯盆或泥炭土盆等育苗用具中，之後直接整個移植即可。

育苗箱

需要移植

平缽

栽培槽

不需要移植

花壇

泥炭土盆

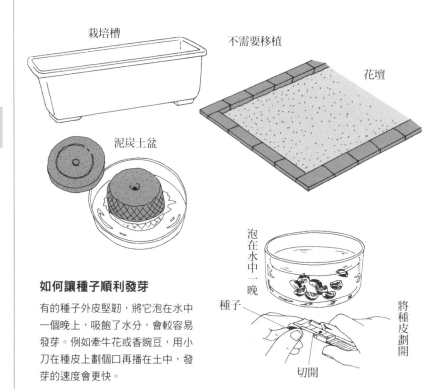

泡在水中一晚

種子

將種皮劃開

切開

如何讓種子順利發芽

有的種子外皮堅韌，將它泡在水中一個晚上，吸飽了水分，會較容易發芽。例如牽牛花或香豌豆，用小刀在種皮上劃個口再播在土中，發芽的速度會更快。

播種的方法

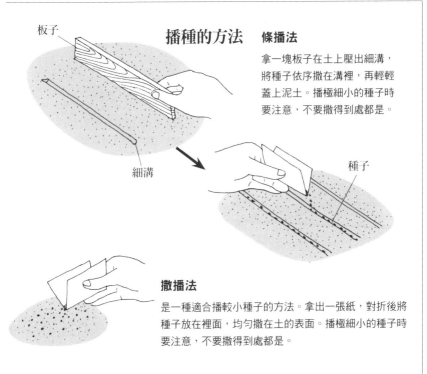

條播法

拿一塊板子在土上壓出細溝，將種子依序撒在溝裡，再輕輕蓋上泥土。播極細小的種子時要注意，不要撒得到處都是。

板子

細溝

種子

撒播法

是一種適合播較小種子的方法。拿出一張紙，對折後將種子放在裡面，均勻撒在土的表面。播極細小的種子時要注意，不要撒得到處都是。

點播法

用瓶子在土上壓出許多凹洞，每個洞裡播3～4顆種子，然後輕輕蓋上泥土。這個方式適合較大的種子。

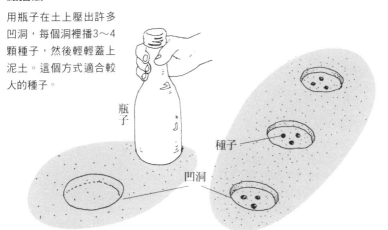

瓶子

種子

凹洞

如何培育需要移植的植物

對於一些即使日後移往他處也不要緊的植物，或是直接種在花壇或花園裡、但種子很容易因雨水沖刷而流失的植物，都可採取先育苗、然後移植的培育方式。

種子較大時

先在平缽的底部鋪上缽底石，然後放入育種用土，將種子播下後輕輕蓋上泥土，並澆灌適量的水分。

育種用土

缽底石

蓋上泥土

澆灌充足的水

湯匙

種子發芽、長出葉子後，用湯匙一株一株挖起，分別放到塑膠襯盆裡，並澆灌適量的水分。

園藝用土

塑膠襯盆

肥料

缽底石

從盆子上方看，如果葉子茂密到看不見盆裡的土時，即可移到大型缽盆、栽培槽或花壇裡去，並澆灌適量的水分。

園藝用土

肥料

缽底石

種子較小時

先在平缽的底部鋪上缽底石，然後放入育種用土。將種子放在對折的紙上，均勻地撒在土上。如果是需要陽光照射才能夠發芽的種子（稱為好光性種子），就不要蓋土，其他的則輕輕覆上一層薄土。

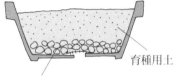

育種用土

缽底石

報紙

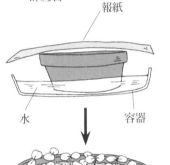

水　　　容器

容器中盛水，平缽放入水中，讓土吸收水分，缽上蓋上報紙（如果是好光性種子，則不蓋報紙）。為了避免土的表面乾燥，經常用噴筒補充水分。

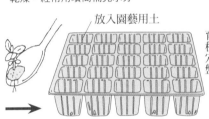

放入園藝用土

育種穴盤

種子發芽後拿掉報紙，將平缽從水中取出。

種子發芽、長出本葉後，用湯匙一株一株挖起，分別放到塑膠襯盆裡，並澆灌適量的水分。但這個步驟可以省略。

園藝用土

肥料

缽底石

塑膠襯盆

長出2～3片葉子時，移到塑膠襯盆。

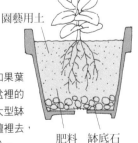

園藝用土

從盆子上方看，如果葉子茂密到看不見盆裡的土時，即可移到大型缽盆、栽培槽或花壇裡去，並澆灌適量的水分。

肥料　缽底石

249

如何培育不需移植的植物

如果覺得移植工作很麻煩，可將種子直接播在塑膠襯盆或泥炭土盆裡育苗，
之後直接整個移到缽盆或花壇去，或是直接將種子播在栽培槽或花壇中。

在泥炭土盆裡播種

先讓泥炭土盆吸水，再播入種子。

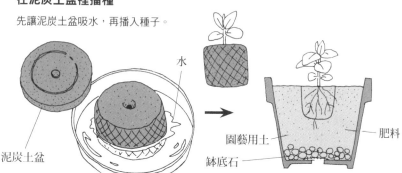

水

泥炭土盆

園藝用土

缽底石

肥料

泥炭土盆的表面可以看到根時，便將
種苗移到缽盆、栽培槽或花壇去。

在塑膠襯盆裡播種

種子

育種用土

缽底石

在每個塑膠襯盆裡播大
約3顆種子，蓋上泥土，
澆灌適量的水分。

鑷子

將長得比較好的留下，
並疏散距離。

園藝用土

肥料

缽底石

從盆子上方看，如果葉子茂密到看不見
盆裡的土時，即可移到大型缽盆、栽培
槽或花壇裡去。

直接播種

在栽培槽、缽盆或花壇中直接挖洞播種，要先墾土和灑水。
首先將地表以下30公分左右的土翻鬆，加入堆肥、腐葉土
和化學肥料。

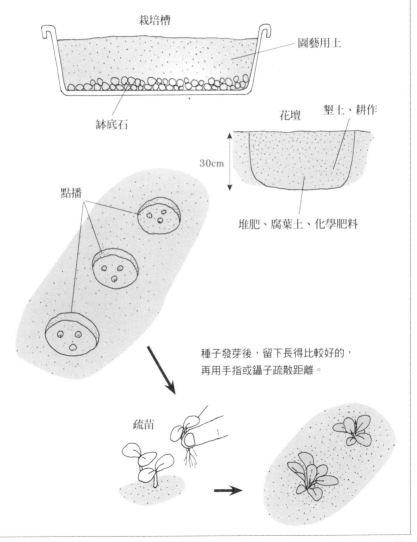

栽培槽

園藝用土

缽底石

花壇

墾土、耕作

30cm

堆肥、腐葉土、化學肥料

點播

種子發芽後，留下長得比較好的，
再用手指或鑷子疏散距離。

疏苗

種植球根的基本方法

球根的種植深度

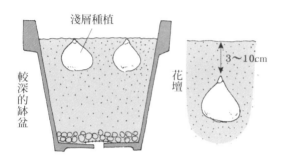

淺層種植

較深的缽盆

花壇

3～10cm

一般情況下，球根種在缽盆或栽培槽裡，只要種在淺層的地方即可。如果是種在花壇裡，就需要種深一點。

百合的種法

百合的球根會從上面長出根來，無論種在缽盆或花壇裡，都要種深一點。

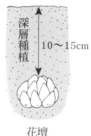

深層種植

10～15cm

10～15cm

深層種植

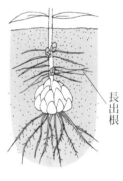

長出根

缽盆

花壇

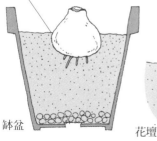

一半在土表以上

缽盆

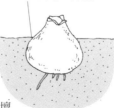

露出球根的肩部

花壇

孤挺花的種法

孤挺花需要良好的通氣性和排水性，無論種在缽盆或花壇裡，都要種淺一點。

種植在缽盆或栽培槽裡

在較深的缽盆或栽培槽的底部鋪上防蟲網，再放入2～3公分的缽底石。

加入園藝用土和肥料，放入球根，看看深度是否恰當。

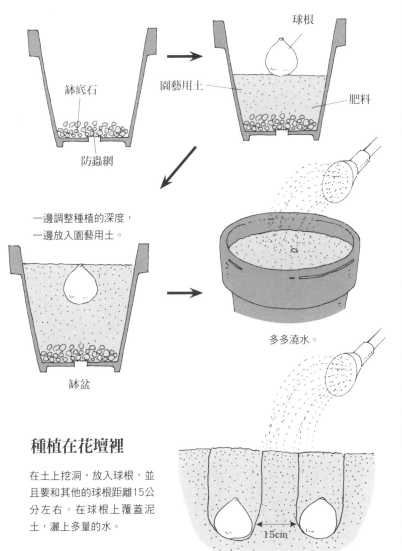

缽底石

防蟲網

球根

園藝用土

肥料

一邊調整種植的深度，一邊放入園藝用土。

缽盆

多多澆水。

種植在花壇裡

在土上挖洞，放入球根，並且要和其他的球根距離15公分左右。在球根上覆蓋泥土，灑上多量的水。

15cm

給水的方法

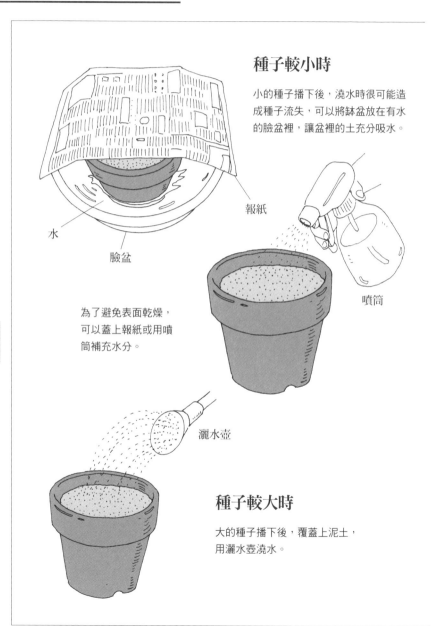

種子較小時

小的種子播下後，澆水時很可能造成種子流失，可以將缽盆放在有水的臉盆裡，讓盆裡的土充分吸水。

報紙

水

臉盆

噴筒

為了避免表面乾燥，可以蓋上報紙或用噴筒補充水分。

灑水壺

種子較大時

大的種子播下後，覆蓋上泥土，用灑水壺澆水。

如何給植株澆水

一般是用具有蓮蓬頭的灑水壺來澆灌整株植物，但如果像是仙客來之類、花很容易受傷的植株或種苗，最好是用尖嘴壺澆水，以免被打傷。此外，如果將尖嘴壺提得太高，水柱會沖蝕掉植株基部的土，使植株不安定或是露出根來，因此用尖嘴壺澆水時要靠近植株的基部。

尖嘴壺

不在家時如何給水

如果需要離家幾天，可以將缽盆放在裝水的臉盆裡吸水，或是將儲水器或補水器插在盆子裡。此外，也可以澆水後用溼潤的水苔覆蓋在植株周圍的泥土上。

儲水器

水

臉盆

補水器

水苔

肥料

各種肥料

植物生長最重要的養分是氮、磷、鉀，栽培植物時要適切的施以含有這些養分的肥料。肥料分為內含動物物質的有機肥，和以化學合成、由礦物質構成的無機肥。肥料的形式則有固體的、顆粒的和液體的，選用時要考慮植物的種類和植物生長所需。

固態肥

顆粒肥

液態肥

5−10−5（氮−磷−鉀）

肥料的容器上都會標明氮、磷、鉀3種成分的含量比例（％）。氮肥又稱為葉肥，能使葉、莖、根長得更好。磷肥稱為實肥，能促進開花和結果。鉀肥稱為根肥，可使根部發育更完全。很多肥料中，除了這3種成分，還含有許多成長所需的營養素。

代表的肥料

	氮	磷	鉀	使用方法
●有機肥料				
油渣	5	2	1	元肥、追肥
堆肥	1	0.5	1	元肥
●無機肥料				
化學肥料	各種			元肥、追肥
磷酸銨鎂	6	40	6	元肥
花寶HYPONeX液體	5	10	5	追肥

施肥的方法

肥料並不是越多越好，過度施肥反而會阻礙成長，甚至使植物枯萎。施肥要因應生長所需，給予最適當的分量。

元肥

在種苗植入土壤前所施的肥料，以及植入植株的洞穴下方所施的肥料稱為元肥。元肥大多用緩效型肥料。

撒在植株周圍的固態追肥

用水稀釋的液態追肥

追肥

生長期較長的植物，若只施以元肥，養分不足以充分供應，必須再增加追肥。另外，為了供給開花後的球根養分，也會添加追肥。追肥大多用速效型肥料（大多是化學肥料、液態肥料）。

苦土石灰

調整土壤的性質

將苦土石灰與花壇或田裡的土混合，可以降低土質的酸性，使肥料的吸收效率提高。苦土石灰含有鐵、錳等成分。大多用於栽培對酸性抵抗力較弱的菠菜、小黃瓜、茄子、番茄等植物。

如何使植株長得更好

要使植物長得好，除了施肥和給水，還有一些必要的工作。

疏苗

以條播法或撒播法播種時，當種子全部發芽，不予以疏苗的話，有的植株會因為日照和肥料不足，導致發育不良。此時，可將生長較遲滯的幼苗疏散距離（疏苗）。此外，如果用鑷子拔除會影響到其他植株，也可以用剪刀從基部剪斷。

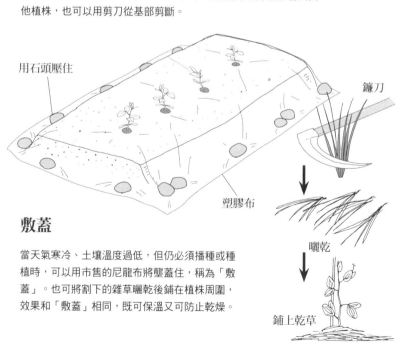

敷蓋

當天氣寒冷、土壤溫度過低，但仍必須播種或種植時，可以用市售的尼龍布將壟蓋住，稱為「敷蓋」。也可將割下的雜草曬乾後鋪在植株周圍，效果和「敷蓋」相同，既可保溫又可防止乾燥。

中耕（鬆土）

不斷持續的給水，會使植株周圍的土壤變硬，此時可用移植鏟將土輕輕翻鬆，稱為「中耕」。

移植鏟

培土（覆土）

不斷給水使基部外露的植株、長得很高的植株、利用下葉的蔬菜等，都要用移植鏟將土擁到植株基部，稱為「培土」。

剪斷

整枝

為了使側芽長出、增加開花量、限定結果量並使果實更碩大等，都會進行整枝的工作。此外，對於恣意長出的枝葉也會採取整枝，但目的是使植株的外型更美觀。

剪斷

剪枝

茄子、一串紅等植物，在開花、結果、生成後會繼續長出大量枝葉，此時將這些枝葉全部剪除，可以使它再次生出側芽，重新開花結果。

支架的搭建方法

需要支架的植物

蔓藤性植物和果實碩大的植物,都需要支架來支撐。此外,即使不屬於蔓藤性或果實也不太大,當風力太強,有傾倒之虞的植物,也需要支架的支撐。

結繩的方法

用尼龍繩將莖與支架以8字形綁在一起,但注意不要綁得太緊。

蔓藤性植物

果實碩大的植物

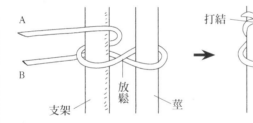

A

B

支架　　放鬆　　莖

打結

將繩子的兩端A和B,
在支架上繞1～2圈後打結。

各種支架

植株小的植物,豎立臨時支架即可。

打結

臨時支架

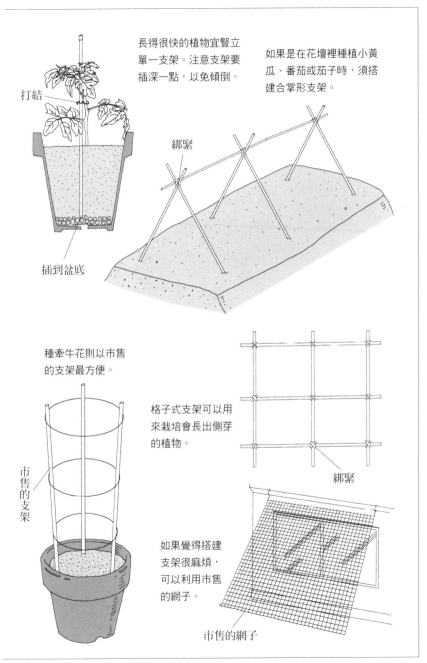

打結

插到盆底

長得很快的植物宜豎立單一支架。注意支架要插深一點，以免傾倒。

如果是在花壇裡種植小黃瓜、番茄或茄子時，須搭建合掌形支架。

綁緊

種牽牛花則以市售的支架最方便。

市售的支架

格子式支架可以用來栽培會長出側芽的植物。

綁緊

如果覺得搭建支架很麻煩，可以利用市售的網子。

市售的網子

種子與球根的保存

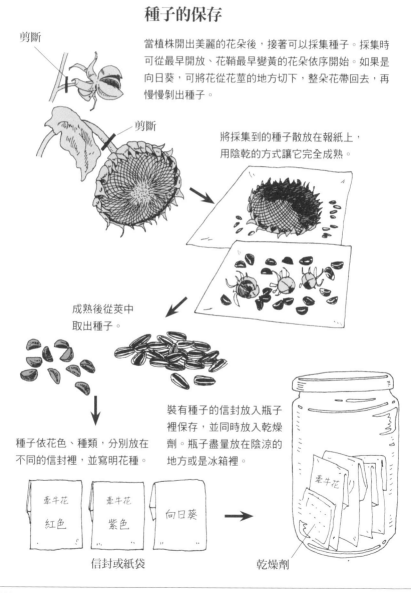

種子的保存

當植株開出美麗的花朵後，接著可以採集種子。採集時可從最早開放、花鞘最早變黃的花朵依序開始。如果是向日葵，可將花從花莖的地方切下，整朵花帶回去，再慢慢剝出種子。

剪斷

剪斷

將採集到的種子散放在報紙上，用陰乾的方式讓它完全成熟。

成熟後從莢中取出種子。

種子依花色、種類，分別放在不同的信封裡，並寫明花種。

裝有種子的信封放入瓶子裡保存，並同時放入乾燥劑。瓶子盡量放在陰涼的地方或是冰箱裡。

牽牛花
紅色

牽牛花
紫色

向日葵

牽牛花

信封或紙袋

乾燥劑

球根的保存

將花朵凋謝後的球根從土裡挖出來保存。需要乾燥保存的有愛麗絲（鳶尾）、冠狀銀蓮花、水仙、鬱金香等，不需要乾燥保存的有孤挺花、美人蕉、百合等。在氣候溫暖的地方，秋天種植的球根可以不挖出來，直接留在土中越冬。

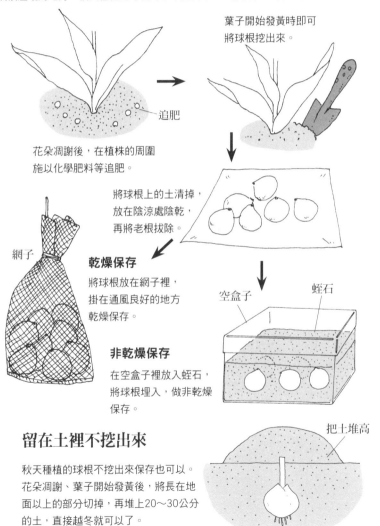

追肥

花朵凋謝後，在植株的周圍施以化學肥料等追肥。

葉子開始發黃時即可將球根挖出來。

將球根上的土清掉，放在陰涼處陰乾，再將老根拔除。

網子

乾燥保存

將球根放在網子裡，掛在通風良好的地方乾燥保存。

非乾燥保存

在空盒子裡放入蛭石，將球根埋入，做非乾燥保存。

空盒子　　　蛭石

留在土裡不挖出來

秋天種植的球根不挖出來保存也可以。花朵凋謝、葉子開始發黃後，將長在地面以上的部分切掉，再堆上20～30公分的土，直接越冬就可以了。

把土堆高

植物的增生方法

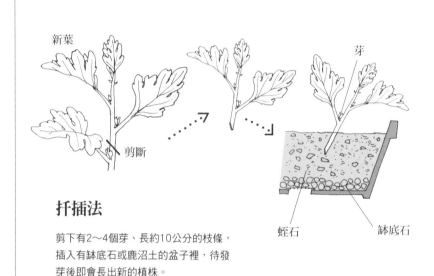

新葉

剪斷

芽

蛭石

缽底石

扦插法

剪下有2～4個芽、長約10公分的枝條，插入有缽底石或鹿沼土的盆子裡，待發芽後即會長出新的植株。

剪斷

分株法

多年生草本植物可以用分株法增生。春季到夏季開花的植物在秋季分株，夏季到秋季開花的植物在春季分株。

輕輕將植株挖起，
不要傷到根部。

將分株完成的植株分開種植，並給予水分。

球根的增生方法

從土裡掘出的球根，
可以用分株的方式增生。

木子

劍蘭

取下稱為木子的年幼球根，植入球根用
園藝用土中，2～3年即可開花。

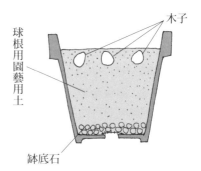

木子

球根用園藝用土

缽底石

大理花

球根剖開時，務必把稱為莖冠的發
芽部分一起切下來。

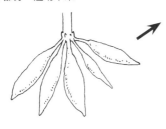

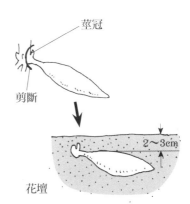

莖冠

剪斷

2～3cm

花壇

百合

將鱗片一片一片剝下，插入有缽底石和
赤玉土的缽盆中。

鱗片

鱗片

蛭石

缽底石

善用園藝店

對於剛開始著手栽培蔬菜或花草的初學者，園藝店是個值得取經的地方。如果有任何植物栽培方面的問題，或是當植物無法順利生長時，都可以去向店家請教。此外，如果是在花壇或花園裡種植植物，難免會碰上苦惱的病蟲害。凡此種種，都可請店家協助推薦掃除病蟲害的藥品，或是該如何驅蟲。尤其是在建立花壇方面，也可以請店家指導最好、最適合的方式。

如果慢慢和園藝店熟了，可以向對方諮詢珍稀植物的種、苗情報，或是聽取有關植物的有趣話題。

和園藝店的專家交往，不僅著眼於植物栽培方面的知識，而是可以從一位園藝愛好者身上學到對大自然的熱愛，以及對植物栽培永不止息的熱情。

草花的培育

牽牛花

栽培要訣

牽牛花是旋花科一年生草本植物。喜歡生長在日照充足的環境，在暗處則會發育不良。可以直接在庭院中撒種，讓它隨意蔓生。若要使它確實的開花，就要育苗、種植。

月分	1	2	3	4	5	6	7	8	9	10	11	12
播種					■■■							
開花							■■■■					
採種									■■■			

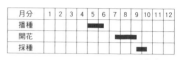

＊春季播種

如何取得

可直接到園藝店購買種子。除了一般品種外，還有花朵較大的、花瓣或葉子變形的等等許多品種。

播種

牽牛花的種皮很硬，可以用小刀在種皮上劃個開口，或是將種子泡在水裡一個晚上，讓它吸飽水分。

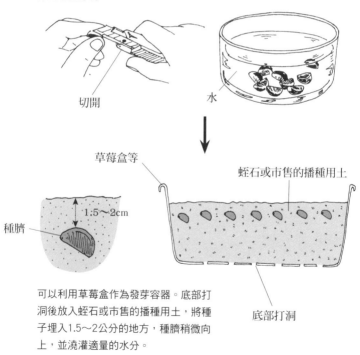

切開

水

草莓盒等

蛭石或市售的播種用土

種臍

1.5～2cm

可以利用草莓盒作為發芽容器。底部打洞後放入蛭石或市售的播種用土，將種子埋入1.5～2公分的地方，種臍稍微向上，並澆灌適量的水分。

底部打洞

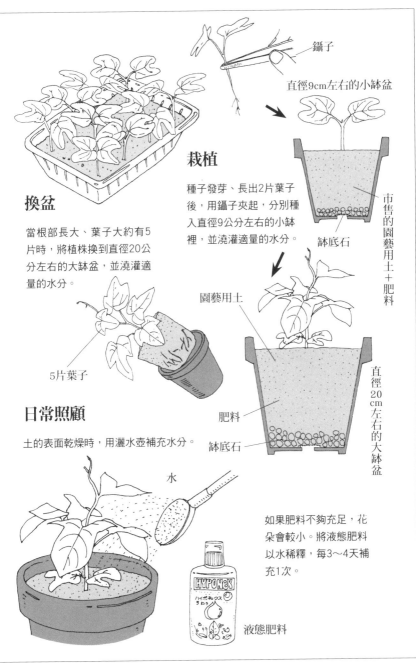

栽植

種子發芽、長出2片葉子後，用鑷子夾起，分別種入直徑9公分左右的小缽裡，並澆灌適量的水分。

鑷子

直徑9cm左右的小缽盆

市售的園藝用土＋肥料

缽底石

換盆

當根部長大、葉子大約有5片時，將植株換到直徑20公分左右的大缽盆，並澆灌適量的水分。

5片葉子

園藝用土

肥料

缽底石

直徑20cm左右的大缽盆

日常照顧

土的表面乾燥時，用灑水壺補充水分。

水

如果肥料不夠充足，花朵會較小。將液態肥料以水稀釋，每3～4天補充1次。

HYPONeX
ハイポネックス
うすめ

液態肥料

各種栽培方法

牽牛花的蔓莖生長速度很快，而且越長越高，甚至超過10公尺以上。可以把部份蔓莖修剪掉，或是讓蔓莖順著支架盤繞生長。剪除部分的花苞，可以使花朵開得很大。

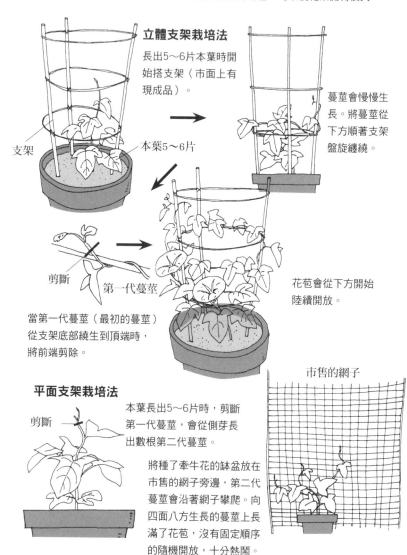

立體支架栽培法

長出5～6片本葉時開始搭支架（市面上有現成品）。

支架

本葉5～6片

蔓莖會慢慢生長。將蔓莖從下方順著支架盤旋纏繞。

剪斷　第一代蔓莖

花苞會從下方開始陸續開放。

當第一代蔓莖（最初的蔓莖）從支架底部繞生到頂端時，將前端剪除。

市售的網子

平面支架栽培法

剪斷

本葉長出5～6片時，剪斷第一代蔓莖，會從側芽長出數根第二代蔓莖。

將種了牽牛花的缽盆放在市售的網子旁邊，第二代蔓莖會沿著網子攀爬。向四面八方生長的蔓莖上長滿了花苞，沒有固定順序的隨機開放，十分熱鬧。

剪除蔓莖的方法

留下最上面兩根
第二代蔓莖。

剪斷

本葉長出6～7片
時，將第一代蔓
莖從前端剪掉。

從側芽長出的第二代蔓莖
不斷生長。將最上方2根
第二代蔓莖留下，其餘的
全部剪除。

剪斷

第二代蔓莖

留下5片本葉

陸續長出的第二代蔓莖
的本葉留下5片，將第二
代蔓莖的前端剪除，讓
第三代蔓莖繼續生長。

第三代蔓莖

剪斷

花苞

將陸續長出的第三代蔓莖上
的花苞留下4個左右，其餘
的花苞全部剪除。

開花的數量少，
但花朵都非常大。

採種

花朵凋謝後，將開過花的
種子採下保存。

非洲鳳仙花

栽培要訣

非洲鳳仙花屬於鳳仙花科多年生草本植物。不適合種植在陽光直射的地方，半日陰的環境較好。由於花期很長，不要忘了施以追肥。

＊春季播種

如何取得

可直接到園藝店購買種子。花有各種不同的顏色，花瓣也有單瓣和複瓣的。

播種

在平缽中放入專用土，將種子撒播。如果陽光不充足便無法發芽，因此種子上不要覆蓋泥土。

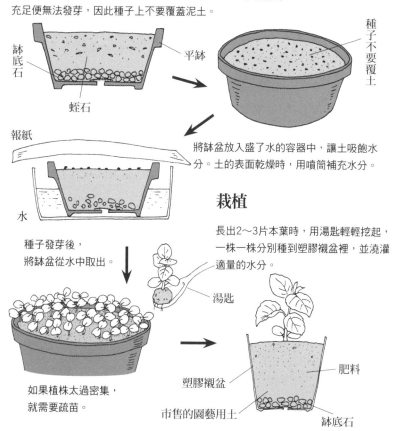

缽底石

蛭石

平缽

種子不要覆土

報紙

水

將缽盆放入盛了水的容器中，讓土吸飽水分。土的表面乾燥時，用噴筒補充水分。

種子發芽後，將缽盆從水中取出。

栽植

長出2～3片本葉時，用湯匙輕輕挖起，一株一株分別種到塑膠襯盆裡，並澆灌適量的水分。

湯匙

如果植株太過密集，就需要疏苗。

塑膠襯盆

市售的園藝用土

肥料

缽底石

272

換盆

從盆子上方看，如果葉子茂密到看不見盆裡的土時，即可移到栽培槽，並且放在半日陰的地方，澆灌適量的水分。

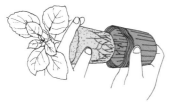

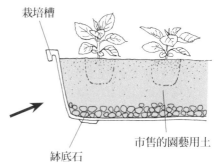

栽培槽

市售的園藝用土

缽底石

日常照顧

不耐乾燥，土表要保持溼潤，經常用噴筒補充水分。將液態肥料以水稀釋，每週施肥1次。

水

HYPONeX

液體肥料

扦插

植株長得過度茂盛時，可將部分枝子剪掉，秋天時會再開花。剪掉的枝子上有芽眼，插入土中可長出新的植株。

塑膠襯盆

鹿沼土

缽底石

273

紫茉莉

栽培要訣

紫茉莉（煮飯花）屬於紫茉莉科多年生草本植物。很容易種植，適合排水良好、日照充足的場所。不需要移植，可直接在庭園中播種。

月分	1	2	3	4	5	6	7	8	9	10	11	12
播種					■	■						
開花							■	■	■	■		
採種									■	■		

＊春季播種

如何取得

可以直接到園藝店購買種子。如果要種植在栽培槽裡，可選擇不會長得太高的品種。

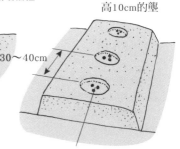

高10cm的壟

30cm

30～40cm

播種

堆肥、石灰、化學肥料

播種前將地表以下30公分的土翻鬆，加入堆肥、石灰和化學肥料。如果種植場所排水不良，則須做出10公分高的壟。以每處3顆種子的點播方式播種，並覆上足以蓋住種子的土，定期澆水。株與株之間距離30～40公分。

覆上足以蓋住種子的土

鑷子

種子大約2週後發芽，長出兩片葉子。留下一株生長良好的，其餘的予以疏苗。

日常照顧

水

不耐乾燥，土的表面乾燥時，記得補充水分。

花

花苞

種子

採種

開花時間為傍晚至早晨。受粉後的花會長出黑色的種子。可在種子掉落之前採收起來，待來年播種。

挖的範圍大一點

越冬

植株凋謝後，根部仍然活著，在氣候溫暖的地區，隔年春年會在相同地方重新生長。如果是寒冷地區，可將根挖出，放到乾燥後保存在室內，第二年春天植回去，一樣會開花。

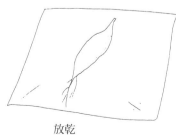

放乾

含羞草

栽培要訣

含羞草是豆科多年生草本植物。
很容易種植，但不耐寒，需注意。

月分	1	2	3	4	5	6	7	8	9	10	11	12
播種												
開花												
採種												

* 春季播種

如何取得

直接到園藝店購買種子。

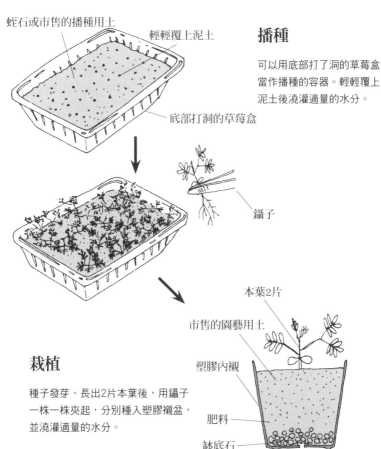

蛭石或市售的播種用土

輕輕覆上泥土

播種

可以用底部打了洞的草莓盒
當作播種的容器。輕輕覆上
泥土後澆灌適量的水分。

底部打洞的草莓盒

鑷子

本葉2片

市售的園藝用土

塑膠內襯

栽植

種子發芽、長出2片本葉後，用鑷子
一株一株夾起，分別種入塑膠襯盆，
並澆灌適量的水分。

肥料

缽底石

換盆

長出4～6片本葉後，將植株移到直徑20公分左右的鉢盆，並澆灌適量的水分。

本葉4～6片

市售的園藝用土

直徑20cm的鉢盆

肥料

鉢底石

液體肥料

水

日常照顧

土的表面乾燥時要補充水分。將液態肥料以水稀釋後，每週施肥1次。

花

採種

7～9月會開出以小花集合成的球狀花。當刺刺的果實呈現褐色時，可以採集種子保存，第二年再播種。

種子

果實

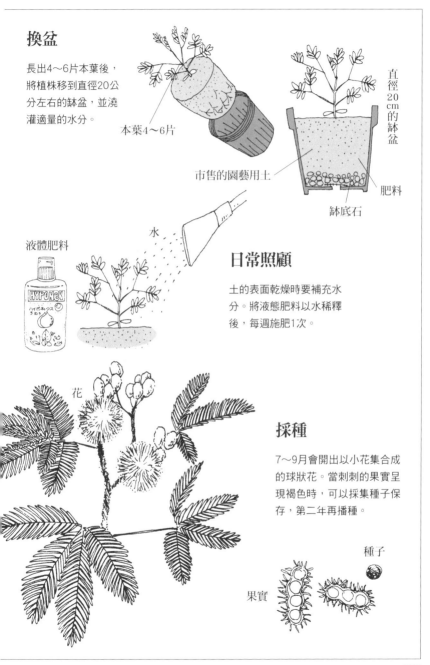

大波斯菊

栽培要訣

大波斯菊是菊科一年生草本植物。7月左右播下種子，到了秋天雖然還很低矮也能開花，所以即使是栽培槽也很容易育成。

月分	1	2	3	4	5	6	7	8	9	10	11	12
播種						▬	▬					
開花									▬	▬		
採種											▬	

＊春～夏季播種

如何取得

直接到園藝店購買種子。有白色、粉紅色的大型花品種，和淺黃花、名為「黃色花園」的品種。

播種

在平缽裡放入播種用土，以每處3棵種子的點播方式播種，然後覆上約5公釐厚的土。

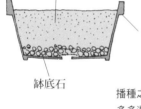

市售的播種用土

平缽

缽底石

播種之後要多多灑水。

留下生長良好的，並予以疏苗。本葉長出4片左右時，將每株分別種在不同盆子裡。

栽植

長出6～8片本葉後，用湯匙輕輕挖起，每株分別種在直徑15公分的缽盆裡，澆灌適量的水分。

市售的園藝用土

直徑15cm左右的缽盆

缽底石

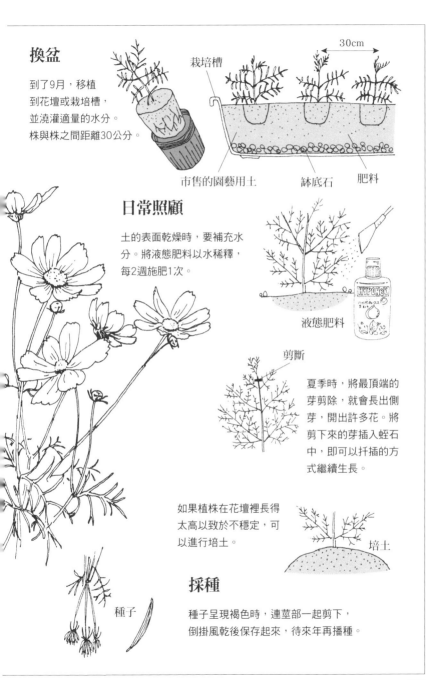

換盆

到了9月，移植
到花壇或栽培槽，
並澆灌適量的水分。
株與株之間距離30公分。

栽培槽

30cm

市售的園藝用土　缽底石　肥料

日常照顧

土的表面乾燥時，要補充水
分。將液態肥料以水稀釋，
每2週施肥1次。

液態肥料

剪斷

夏季時，將最頂端的
芽剪除，就會長出側
芽，開出許多花。將
剪下來的芽插入蛭石
中，即可以扦插的方
式繼續生長。

如果植株在花壇裡長得
太高以致於不穩定，可
以進行培土。

培土

種子

採種

種子呈現褐色時，連莖部一起剪下，
倒掛風乾後保存起來，待來年再播種。

一串紅

栽培要訣

一串紅是紫蘇科多年生草本植物。當夏季花期結束後摘除花柄，再施以化學肥料的追肥，從秋季直到降霜，花都會持續地開放。

＊春季播種

播種

在平缽裡放入播種用土，以條播法播種後，上面覆蓋大約5公釐的土。

覆蓋大約5公釐的土。

播種之後要充分灑水。

如何取得

直接到園藝店購買種子。也可以購買市售的幼苗來栽培。

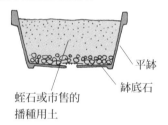

平缽

缽底石

蛭石或市售的播種用土

鑷子

將生長狀況不良的植株用鑷子夾起後梳苗。

栽植

長出本葉後，用湯匙一株一株輕輕挖起，分別種到不同的塑膠襯盆裡。

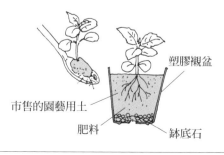

市售的園藝用土

塑膠襯盆

肥料

缽底石

換盆

從盆子上方看，如果葉子茂密到看不見盆裡的土時，即可移到栽培槽裡去，並澆灌適量的水分。株與株之間距離30公分。

市售的園藝用土

30cm

栽培槽

肥料

缽底石

日常照顧

不耐乾燥，土的表面缺水時趕快灑水。將液態肥料以水稀釋後，每週施肥1次。

液態肥料

花萼

開過花後，花萼會漸漸褪色，之後就像摘取花穗一般將花柄摘除，再施以化學肥料的追肥。如果植株生長太過茂盛，可將上方剪枝。

剪枝

化學肥料

向日葵

栽培要訣

向日葵是菊科一年生草本植物。適合在日照充足的環境生長。不需要移植，可直接在庭院或花壇播種。要施以足夠的肥料和水分。

月分	1	2	3	4	5	6	7	8	9	10	11	12
播種				▬	▬							
開花						▬	▬	▬				
採種										▬	▬	

＊春季播種

如何取得

可以直接到園藝店購買種子。除了有一般的向日葵、食用向日葵，還有可栽培在盆裡的姬向日葵。

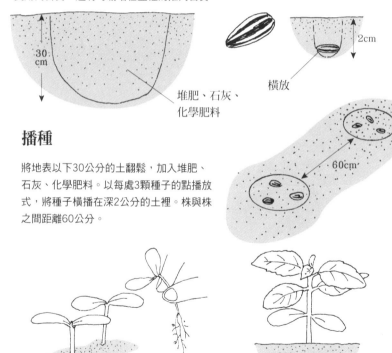

30cm

堆肥、石灰、化學肥料

2cm

橫放

播種

將地表以下30公分的土翻鬆，加入堆肥、石灰、化學肥料。以每處3顆種子的點播放式，將種子橫播在深2公分的土裡。株與株之間距離60公分。

60cm

雙葉展開之後予以疏苗，留下生長狀況良好的。
本葉長出4片左右時，將植株分開來種。

日常照顧

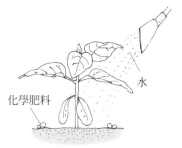

化學肥料

水

每天持續不斷的澆水。在植株基部施以化學肥料的追肥，每月1次。每天持續不斷的澆水。

植株長到30公分以上時，要在基部培土，或豎立2公尺高的支柱，並將莖部以繩子綁在支柱上。繩子要依向日葵的生長調整捆綁的高度。

想要開出較大的花朵，可將最先長出的花苞留下，其餘的全部剪除。

採種

開花後、種子完全成熟前，將花莖剪斷，剝出種子乾燥保存。

剪斷

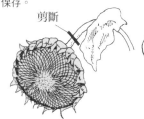

絲瓜

栽培要訣

絲瓜是葫蘆科一年生草本植物。可以直接在庭院播種，但如果想要結出絲瓜，要先在塑膠襯盆裡育苗。絲瓜屬於蔓莖植物，果實又大又重，需要搭建瓜棚。

月分	1	2	3	4	5	6	7	8	9	10	11	12
播種												
開花												
收成												

如何取得

* 春季播種

可直接到園藝店購買種子，或是購買幼苗培育，然後換盆。

播種

在塑膠襯盆中放入赤玉土或市售的播種用土，在土深1.5公分處埋入3顆種子，澆灌適量的水分。

塑膠襯盆

缽底石

赤玉土或市售的播種用土

兩片葉子展開後，留下1株生長最好的，其餘的予以疏苗。

栽植

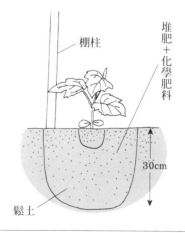

棚柱

堆肥＋化學肥料

30cm

鬆土

本葉長出4～5片左右時，即可移植到棚架的旁邊，並澆灌適量的水分。植入前先將30公分深的土翻鬆，加入堆肥和化學肥料。

日常照顧

絲瓜不耐乾旱，換盆後須在植株四周鋪上麥稈或乾草。蔓莖開始生長後，讓它順著棚柱纏繞。

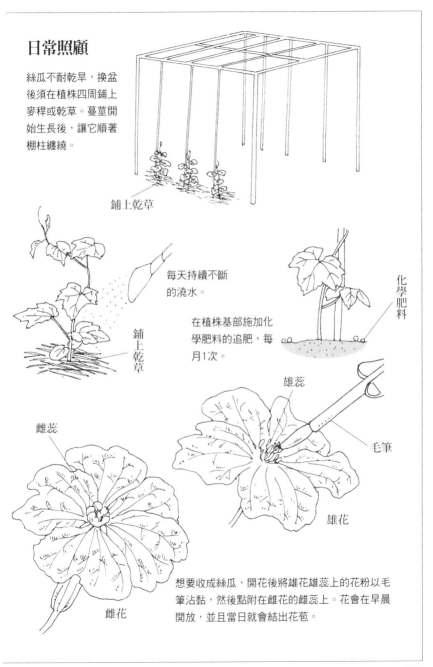

鋪上乾草

每天持續不斷的澆水。

鋪上乾草

在植株基部施加化學肥料的追肥，每月1次。

化學肥料

雌蕊

雄蕊

毛筆

雄花

雌花

想要收成絲瓜，開花後將雄花雄蕊上的花粉以毛筆沾黏，然後點附在雌花的雌蕊上。花會在早晨開放，並且當日就會結出花苞。

285

如何採集絲瓜露

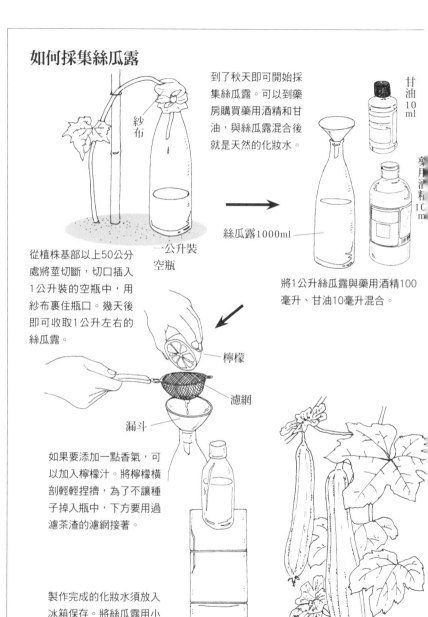

到了秋天即可開始採集絲瓜露。可以到藥房購買藥用酒精和甘油,與絲瓜露混合後就是天然的化妝水。

甘油
10ml

藥用酒精
10ml

絲瓜露1000ml

紗布

一公升裝空瓶

從植株基部以上50公分處將莖切斷,切口插入1公升裝的空瓶中,用紗布裹住瓶口。幾天後即可收取1公升左右的絲瓜露。

將1公升絲瓜露與藥用酒精100毫升、甘油10毫升混合。

檸檬

濾網

漏斗

如果要添加一點香氣,可以加入檸檬汁。將檸檬橫剖輕輕捏擠,為了不讓種子掉入瓶中,下方要用過濾茶渣的濾網接著。

製作完成的化妝水須放入冰箱保存。將絲瓜露用小瓶子分裝,使用起來更方便、衛生。

如何製作菜瓜布

受粉的果實大約1個月後就能長得很大。絲瓜裡有像網子一般的纖維，可以用來做菜瓜布。

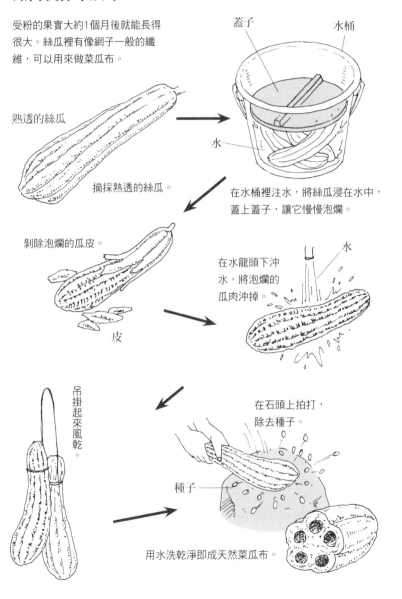

蓋子

水桶

熟透的絲瓜

水

摘採熟透的絲瓜。

在水桶裡注水，將絲瓜浸在水中，蓋上蓋子，讓它慢慢泡爛。

剝除泡爛的瓜皮。

皮

在水龍頭下沖水，將泡爛的瓜肉沖掉。

水

吊掛起來風乾。

在石頭上拍打，除去種子。

種子

用水洗乾淨即成天然菜瓜布。

287

矮牽牛

栽培要訣

矮牽牛是茄科一年生草本植物。可以自己從種子培育到開花，也可以春天到園藝店從大量的幼苗盆栽中選購，十分輕鬆方便。

＊春季種植

如何取得

可直接到園藝店購買幼苗。最好選擇植株生長較為集中，不致太分散的。

集中、不分散的

市售的園藝用土

栽培槽

肥料　　　缽底石

栽植

在栽培槽裡放入專用土，進行栽植、給水。株與株之間距離20～30公分。

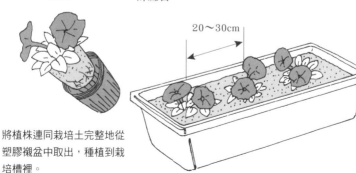

20～30cm

將植株連同栽培土完整地從塑膠襯盆中取出，種植到栽培槽裡。

日常照顧

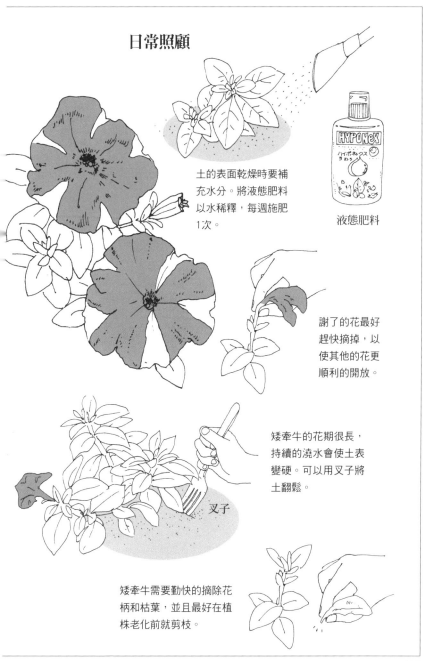

土的表面乾燥時要補充水分。將液態肥料以水稀釋，每週施肥1次。

液態肥料

謝了的花最好趕快摘掉，以使其他的花更順利的開放。

矮牽牛的花期很長，持續的澆水會使土表變硬。可以用叉子將土翻鬆。

叉子

矮牽牛需要勤快的摘除花柄和枯葉，並且最好在植株老化前就剪枝。

鳳仙花

栽培要訣

鳳仙花是鳳仙花科一年生草本植物。可以直接播種在花壇裡，但如果想確實培育到開花，還是要按部就班的從發芽、長出幼苗，然後換盆較好。鳳仙花不耐乾旱，要經常補充水分。

月分	1	2	3	4	5	6	7	8	9	10	11	12
播種				▬								
開花								▬				
採種								▬				

如何取得

可直接到園藝店購買種子。

＊春季播種

赤玉土（小粒）或市售的播種用土

輕輕覆蓋上一層土

播種

在底部打洞的草莓盒裡播種，然後在種子上輕輕覆蓋上土壤，並澆灌適量的水分。

底部打洞的草莓盒

市售的園藝用土

栽植

種子發芽、長出2～4片本葉後，用鑷子一株一株夾起，分別種到塑膠襯盆裡，並澆灌適量的水分。

塑膠襯盆

肥料

缽底石

換盆

在換盆之前,將30公分深的土翻鬆,並施以堆肥、石灰、化學肥料。當植株的葉子長到從上方看不到土時,即可進行移植,同時澆灌適量的水分。株與株之間距離20～30公分。

堆肥、石灰、化學肥料

$20～30cm$

$30cm$

鬆土

液態肥料

成熟的果實

果實

塑膠袋

日常照顧

鳳仙花不耐乾旱,當土表較為乾燥時,記得補充水分。此外,將液態肥料以水稀釋,每週施肥1次。

採種

花朵會由下往上開。果實成熟時呈現黃色,用手一捏便會彈出種子。可以在果實外面套上塑膠袋,採集迸出來的種子,在第二年播種。

金盞花

栽培要訣

金盞花是菊科一年生草本植物。十分耐寒。在栽培槽裡培育時，最好放在日照充足的地方。抗酸性很低，因此換植到花壇前，要先讓土壤吸收苦土石灰。

月分	1	2	3	4	5	6	7	8	9	10	11	12
播種									▓	▓		
開花				▓	▓	▓						
採種						▓	▓					

＊秋季播種

如何取得

可直接到園藝店購買種子。在栽培槽裡培育時，選擇高度約20公分左右的品種。

播種

在平缽中放入栽培土，以撒播的方式播種，再用手掌輕拍，然後覆土、給水。

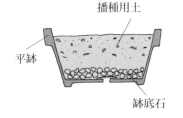

赤玉土或市售的播種用土

平缽

缽底石

鑷子

種子發芽後，如果有葉子相互重疊或發育不良的植株，用鑷子予以疏苗。

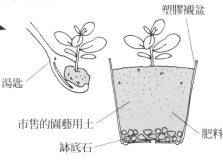

塑膠襯盆

湯匙

市售的園藝用土

缽底石

肥料

栽植

本葉長出2～4片時，用湯匙一株一株輕輕挖起，分別種到塑膠襯盆裡，並澆灌適量的水分。

換盆

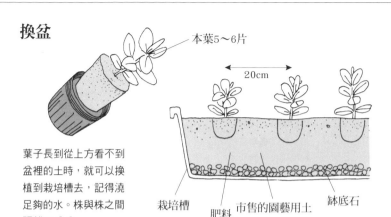

本葉5～6片

20cm

葉子長到從上方看不到盆裡的土時，就可以換植到栽培槽去，記得澆足夠的水。株與株之間距離20公分。

栽培槽　肥料　市售的園藝用土　缽底石

日常照顧

土表較為乾燥時要補充水分。將液態肥料以水稀釋，1週施肥1次。

液態肥料

金盞花可以種在花壇也可以作為切花使用。如果是用作切花，本葉長出10片左右時，可將先端的芽剪掉，讓側芽發出來，開出更多的花。

剪斷

剪斷

凋謝的花

如果能將開放後凋謝的花立刻摘除，對整株植物更好。

香豌豆

栽培要訣

香豌豆是豆科一年生草本植物。適合秋季播種。不耐酸性，因此換植到花壇前，須先在土壤裡混入苦土石灰。豆科植物持續種在相同地方，往往會發育不良，因此每年都要更換種植場所。

月分	1	2	3	4	5	6	7	8	9	10	11	12
播種									■	■		
開花				■	■	■						
採種							■					

如何取得

可直接到園藝店購買種子。花的顏色有許多種，也有適合盆栽的較低矮品種。

＊秋季播種

播種

播種的10～14天前，將地表以下30公分深的土翻鬆，讓土壤吸收堆肥和石灰。種子泡水一晚，吸足水分後，以每處3粒、深1公分的點播方式播種，然後輕輕覆土，並澆灌適量的水分。株與株之間距離20～30公分。

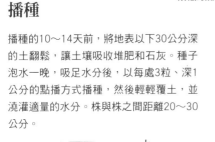

水

深1cm

20～30cm

3粒點播

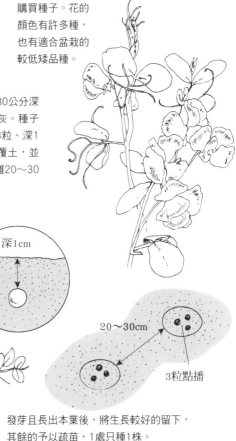

發芽且長出本葉後，將生長較好的留下，其餘的予以疏苗，1處只種1株。

日常照顧

長出蔓莖後，
分別豎立支柱。

支柱

鋪上乾草

如果是種在花壇裡，為了避
免冬季的霜害，在植株基部
鋪上乾草或麥稈保護。

使蔓莖繞生在支柱上

繩子

繩子

當蔓莖日漸伸展，大部分會順著支柱生長。
如果無法自然的纏繞支柱，可用繩子將蔓莖
輕輕綁在柱子上給予支撐。

為了不讓凋謝的花長出種子，
可立刻將它摘除，這樣可使花
期更長。

剪斷

凋謝的花

採種

花朵凋謝後不予處理，就會長
出種子。採集到的種子，可以
在秋季播種。

種子

三色菫

栽培要訣

三色菫是菫菜科一年生草本植物。適合秋季天氣涼爽時播種。種子發芽後須移到日照充足、通風良好的地方。

月分	1	2	3	4	5	6	7	8	9	10	11	12
播種									■			
開花			■	■	■	■						
採種					■	■						

＊秋季播種

如何取得

可到園藝店購買種子回來培育，也可直接購買幼苗再換植。花的顏色有許多種。

種子

市售的幼苗

播種

在平缽中放入栽培土，以撒播的方式播種。

蛭石或市售的播種用土

覆上一層薄薄的土。

平缽

缽底石

水

將缽盆放在盛了水的器皿中，讓盆裡的土充分吸水。為了避免土的表面乾燥，要經常用噴筒補充水分。

栽植

本葉長出2～4片時，用湯匙一株一株移植到不同的塑膠襯盆中，並澆灌充足的水分。

塑膠襯盆

種子發芽後，將缽盆從盛水皿中取出，移到光線充足的地方。

市售的園藝用土

缽底石

肥料

換盆

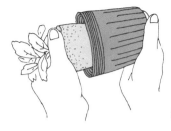

3月左右，葉子長到從上看不到盆裡的土時，就可以換植到栽培槽裡，同時澆灌適量的水分。株與株之間距離15公分。如果是直接購買幼苗，就從這個步驟開始。

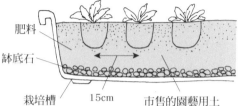

肥料

缽底石

栽培槽　　15cm　　市售的園藝用土

日常照顧

土表較為乾燥時就要補充水分。將液態肥料以水稀釋，每週施肥1次。

液態肥料

將凋謝的花立刻摘除，可讓其他的花更順利的開放。

凋謝的花

採種

採種要在花謝之後才能進行。如果不立刻將凋謝的花摘除，就會長出種子。採集到的種子，可在秋天播種。

種子

罌粟花

栽培要訣

罌粟花是罌粟科一年生草本植物。適合秋天播種。十分容易種植，但要生長在排水、通風良好的環境。注意不要給予太多水分。

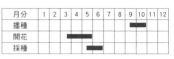

月分	1	2	3	4	5	6	7	8	9	10	11	12
播種									▬	▬		
開花				▬	▬							
採種					▬	▬						

＊秋季播種

如何取得

可直接到園藝店購買種子。有虞美人草、西伯利亞雛罌粟等，花色有許多種。

播種

在塑膠襯盆裡放入播種用土，將5～6粒種子以撒播的方式播種，並澆灌適量的水分。種子上不要覆蓋土壤，並且不要讓它乾燥，記得經常以噴筒補充水分。

市售的播種用土

不要覆土

塑膠襯盆

鑷子

種子發芽、長出2片本葉後，將發育不良的苗用鑷子予以疏苗。

栽植

本葉長出4～6片時，用湯匙移植到塑膠襯盆裡，並澆灌適量的水分。

市售的園藝用土

塑膠襯盆

肥料

缽底石

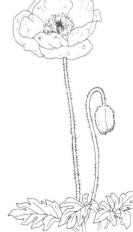

換盆

3月左右，葉子如果長到從上方看不到盆裡的
泥土時，即可換植到栽培槽裡去，同時要給予
適量的水分。株與株之間距離15～20公分。

15～20cm

市售的園藝用土

肥料　　栽培盆　　缽底石

水

日常照顧

不要澆太多的水，讓它在生長過程中
稍稍保持乾燥。入春以後，每月1次
在植株的根部施以化學肥料的追肥。

化學肥料

花謝了以後立刻摘
除，可使後續的花
更順利的開放。

採種

花期結束的5月左右，凋謝的花
不予處理就會長出種子。將種
子採集下來，到秋天播種。

凋謝的花

花苞

剪斷

種子

孤挺花

栽培要訣

孤挺花是石蒜科球根植物。適合春天栽植。
不耐寒冷、雨水和日光直射，因此最好是採
用盆栽。可在球根上直接澆水，但水量以不
蓋過球根為準。

月分	1	2	3	4	5	6	7	8	9	10	11	12
種植												
開花												
保存												

＊春季種植

如何取得

可直接到園藝店購買球根。最好選擇有許多
粗根的球根。

有許多根

栽植

在直徑20公分左右的深缽上放入園藝用土，球根
埋入土中，露出1/3，並澆灌充足的水分。如果
是種在栽培槽裡，株與株之間距離約20公分。

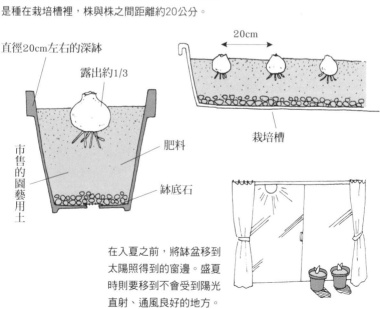

直徑20cm左右的深缽

露出約1/3

市售的園藝用土

肥料

缽底石

20cm

栽培槽

在入夏之前，將缽盆移到
太陽照得到的窗邊。盛夏
時則要移到不會受到陽光
直射、通風良好的地方。

日常照顧

不要讓土的表面乾燥，記得補充水分。注意不要直接在球根上灑水。

葉子長出來以後，每月1次，在植株的基部施以化學肥料。

化學肥料

球根的保存

剪斷

1支莖上會開出4～5朵碩大的花。

花一凋謝最好就切掉，此外，為使球根長得更肥大，可在基部施以化學肥料。

水

變黃的葉子

如果葉子發黃，就要減少給水。

紙箱

葉子枯萎後，切除土表以上的部分，連同缽盆一起放入紙箱，放在室內保存，隔年再種植。

美人蕉

栽培要訣

美人蕉是美人蕉科球根植物。適合春天種植。非常容易種植，但不耐乾旱，需要充足的水分。

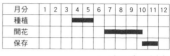

月分	1	2	3	4	5	6	7	8	9	10	11	12
種植				■	■							
開花							■	■	■			
保存										■		

＊春季種植

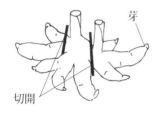

芽

切開

如何取得

可直接到園藝店購買球根。如果要盆栽，最好選擇植株不要太高的品種。如果是從土裡挖出來、上面附有芽的球根，可以切成2～3個分別種植。切口處需用市售的草木灰敷蓋。

栽植

要植入花壇時，須在10～14天前將土表以下30～40公分深的土翻鬆、挖洞，並在洞的底部放入堆肥、化學肥料、石灰等。栽植完成後，要澆灌足夠的水分。

花壇

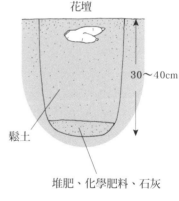

30～40cm

鬆土

堆肥、化學肥料、石灰

直徑20cm左右的深缽

2～3cm

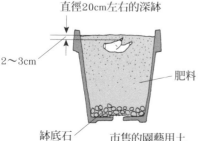

肥料

缽底石

市售的園藝用土

使用盆栽時，須在直徑20公分左右的深缽裡放入園藝用土。無論是花壇或缽盆，球根埋入土壤的深度都是2～3公分。移植完成後澆灌足夠的水分。

日常照顧

土表較乾燥時要補充水分。夏季為防止土壤中的水氣蒸發過快，可在植株基部鋪上乾草。

花苞長出後須在植株的基部施以化學肥料，植株越長越高時，要進行培土。

化學肥料

球根的保存

花謝了以後將莖部切掉，在植株基部施以化學肥料。

切掉

化學肥料

如果是種在花壇，當葉子發黃時就將地面以上的部分切掉並堆土，等待越冬。如果是盆栽，就將植株連同缽盆放入紙箱，保存在室內。

在較寒冷的地方，將球根從土裡挖出，並套上塑膠袋以免乾燥，然後放在紙箱裡，在室內保存。

堆土

球根

塑膠袋

紙箱

劍蘭

栽培要訣

劍蘭是鳶尾科的春植球根植物。適合
生長在日照充足、通風良好的環境。
花期很長，只要是在花期中種植，花
都會陸續開放。

月分	1	2	3	4	5	6	7	8	9	10	11	12
種植			■	■	■	■						
開花							■	■	■			
保存										■	■	■

＊春季種植

如何取得

可直接到園藝店購買球根。球根宜
選擇高度夠、沒有受傷的。花的顏
色有許多種。

沒有受傷

高度夠

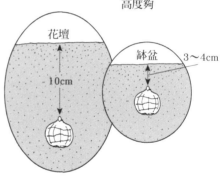

花壇

鬆土

加入堆肥、石灰

30cm

花壇

10cm

缽盆

3～4cm

栽植

植入花壇時，須在10～14天前將土翻鬆
30公分深，並讓土壤吸收堆肥和石灰，
然後將球根埋入10公分深的位置。如果
要換植到缽盆或栽培槽，球根埋在3～4
公分處即可。球根的間隔，花壇是15公
分，直徑20公分的缽裡則可種5～6個。
種植完成後澆灌足夠的水分。

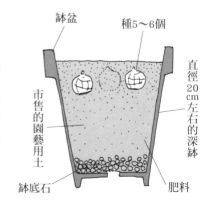

缽盆

種5～6個

市售的園藝用土

直徑20cm左右的深缽

缽底石

肥料

日常照顧

水

不要讓土的表面乾燥，隨時要有足夠的水分。

化學肥料

長出幾片本葉後，須在植株基部補充化學肥料。

莖部長高、花苞出現以後，必須培土和豎立支柱。

培土

凋謝的花

凋謝的花要立刻摘除。花謝後將花穗切掉，並且為了使球根長得肥大，要在植株基部添加化學肥料。

木子

新球根

網子

摘除老的球根

球根的保存

葉子發黃時將球根從土中挖出，清除掉上面的泥土後陰乾，留下木子，摘除老根。然後將新球根和木子一起放入網子裡，保存在陰涼處。

大理花

栽培要訣

大理花是菊科春植球根植物。適合生長在日照充足、通風良好的環境。種植球根時不需要埋得太深，植株長高後為了預防倒下，需要進行培土。

月分	1	2	3	4	5	6	7	8	9	10	11	12
種植			▬	▬								
開花						▬	▬	▬	▬	▬		
保存										▬	▬	

＊春季種植

如何取得

可直接到園藝店購買球根。如果有已挖出並附有芽的球根，可分別切開種植。

剪斷

芽

花壇

支柱

使芽向上

2～3cm

鬆土30cm

腐葉土、雞糞、石灰

栽植

種在花壇裡時，10～14天前須將土翻鬆30公分深，並在底部埋入腐葉土、雞糞、石灰等。若是盆栽，要用直徑24公分左右的深缽並放入園藝用土。花壇或缽盆的種植深度都是2～3公分，並且一定要立支柱。種植完成後給予大量的水分。

支柱

市售的園藝用土

直徑24cm左右的深缽

缽底石　肥料

306

日常照顧

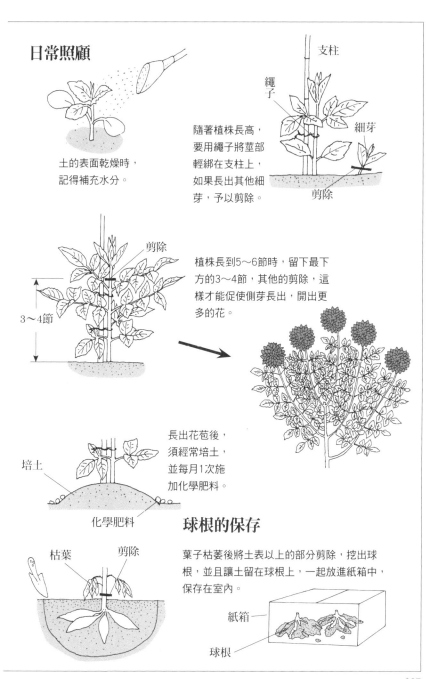

土的表面乾燥時，記得補充水分。

隨著植株長高，要用繩子將莖部輕綁在支柱上，如果長出其他細芽，予以剪除。

支柱
繩子
細芽
剪除

植株長到5～6節時，留下最下方的3～4節，其他的剪除，這樣才能促使側芽長出，開出更多的花。

剪除
3～4節

長出花苞後，須經常培土，並每月1次施加化學肥料。

培土
化學肥料

球根的保存

葉子枯萎後將土表以上的部分剪除，挖出球根，並且讓土留在球根上，一起放進紙箱中，保存在室內。

枯葉
剪除
紙箱
球根

銀蓮花

栽培要訣

冠狀銀蓮花（又稱罌粟秋牡丹）是毛茛科秋植球根植物。不耐高溫、多溼，適合生長在日照充足、排水良好的環境。如果是盆栽，最好放在可以曬到太陽的窗邊。

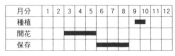

月分	1	2	3	4	5	6	7	8	9	10	11	12
種植									■			
開花			■	■	■							
保存							■	■				

＊秋季種植

如何取得

可直接到園藝店購買球根。花有單瓣、複瓣的，顏色有紅色、白色等。

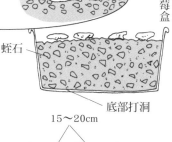

吸水後膨脹

球根

草莓盒

蛭石

底部打洞

栽植

由於球根很乾燥，種植前2～3天須放在潮溼的蛭石上吸收水分。

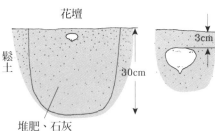

花壇

鬆土

30cm

堆肥、石灰

3cm

15～20cm

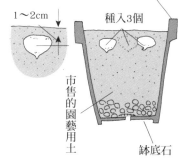

直徑15cm左右的深缽

1～2cm

種入3個

市售的園藝用土

缽底石

準備植入花壇時，須在10～14天前鬆土30公分深，並加入堆肥和石灰，然後將球根的尖頭朝下，埋入距土表3公分以下的地方。若種在缽盆或栽培槽裡，則深度1～2公分即可。球根的間隔，在花壇裡是15～20公分，直徑15公分左右的深缽，則每個缽裡種3個。種植完成後要澆灌充足的水分。

日常照顧

土表乾燥時要補充水分，
但注意不要過多。

剪斷

凋謝的花

室內的盆栽，要放在日照充足的窗邊。
花開、花謝後要立刻摘除。

化學肥料

葉子開始長出來時，要在植株基
部施以化學肥料，每月1次。

球根的保存

花謝了以後，將莖部切掉。為使
球根長的肥大，在植株周圍添加
化學肥料。

化學肥料

6月左右葉子變黃時，將球根挖出，清除掉
上面的泥土後陰乾，放入紙袋中保存。

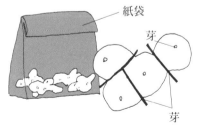

紙袋

芽

芽

保存的球根可以在秋天種植，如果
球根上有芽，可切開分別種植。

番紅花

栽培要訣

番紅花屬於鳶尾科秋植球根植物。種在花壇裡時，必須日照充足並且排水良好。盆栽則要注意給水不可間斷。

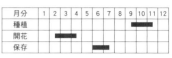

月分	1	2	3	4	5	6	7	8	9	10	11	12
種植												
開花												
保存												

＊秋季種植

如何取得

可直接到園藝店購買球根。選擇較肥大且沒有受傷的。花的顏色有紫、黃、白等。

芽沒有受傷

較大的

栽植

如果準備種植到花壇，須在10～14天將土表30公分深的土翻鬆，並讓土壤吸收堆肥和石灰，然後將球根埋入距土表4～5公分以下的地方。

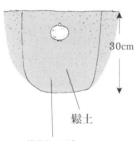

30cm

鬆土

堆肥、石灰

4～5cm

花壇　　5cm

若種在缽盆或栽培槽裡，球根只要剛好被土蓋住即可。球根的間隔，花壇是5公分，直徑15公分的深缽，每個缽裡可以種5個。種植完成後澆灌足夠的水分。

剛好在土表以下

市售的園藝用土

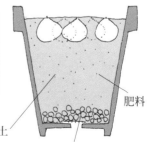

直徑15cm左右的深缽

肥料

缽底石

日常照顧

土表較乾燥時要補充水分，
並注意不可間斷給水。

水

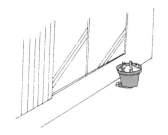

種在缽盆或栽培槽裡時，12月中旬
宜放在寒冷的屋外，1月時搬進室內
靠窗有陽光的地方，2月中旬左右就
會開花了。

球根的保存

花謝了以後，在植株周圍添加
化學肥料。

化學肥料

葉子枯萎後將
球根挖出，乾
燥後放在紙袋
中保存。

紙袋

球根

水栽

在較淺的容器裡鋪上飽含水分的水苔，
並加入少許根部防腐劑。將球根放入，
並在球根之間放小石子，以防滾動。

小石子

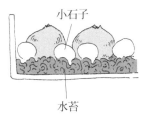

水苔

→ 要經常換
水，以免長
出黴菌。

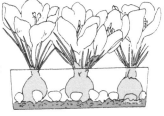

仙客來

栽培要訣

仙客來是櫻草科秋植球根植物。一般開始種植時都是買市售的盆栽培育。宜放在室內日照充足、通風良好的地方。

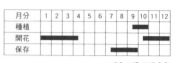

月分	1	2	3	4	5	6	7	8	9	10	11	12
種植									■	■		
開花	■	■	■							■	■	■
保存							■	■				

＊秋季種植

如何取得

可直接到園藝店購買盆栽。選擇整體生長較集中、葉子有光澤的。

日常照顧

水

土表乾燥時，將葉子撥開，從盆子邊緣澆水。

整體生長集中

葉子茂盛

將已經謝掉的花連同花莖一起摘掉。

如果有發黃的葉子也要趕快摘掉。

發黃的葉子

312

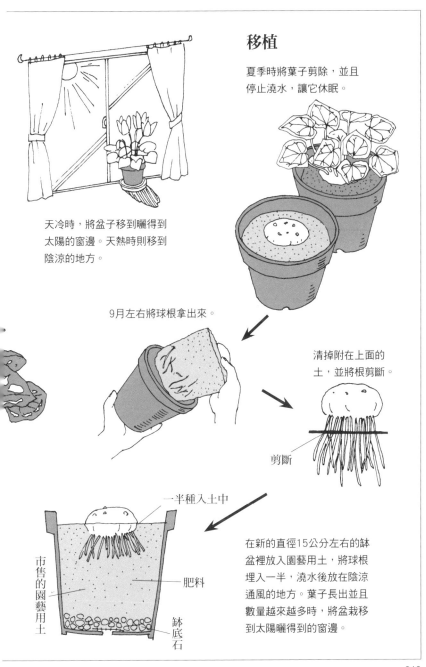

移植

夏季時將葉子剪除,並且停止澆水,讓它休眠。

天冷時,將盆子移到曬得到太陽的窗邊。天熱時則移到陰涼的地方。

9月左右將球根拿出來。

清掉附在上面的土,並將根剪斷。

剪斷

一半種入土中

市售的園藝用土

肥料

缽底石

在新的直徑15公分左右的缽盆裡放入園藝用土,將球根埋入一半,澆水後放在陰涼通風的地方。葉子長出並且數量越來越多時,將盆栽移到太陽曬得到的窗邊。

水仙

栽培要訣

水仙屬於石蒜科秋植球根植物。喜好日照充足、排水良好的環境。要注意的是，如果水分不足，是不會開花的。

＊秋季種植

如何取得

可直接到園藝店購買球根。選擇較重的。品種很多，有花朵較大的喇叭水仙和重瓣水仙等。

較重的

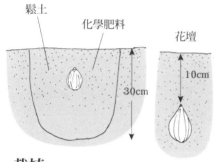

鬆土

化學肥料

花壇

10cm

30cm

10cm

栽植

準備植入花壇時，須在10～14天前將土表30公分深的土翻鬆，並讓土壤吸收化學肥料，然後將球根埋入距土表10公分以下的地方。若種在缽盆或栽培槽裡，球根的頂部剛好埋住即可。

球根的間隔，在花壇裡是10公分，直徑約20公分的深缽，每個缽中可種大球根3個或小球根5個。種植完成後澆灌足夠的水分。

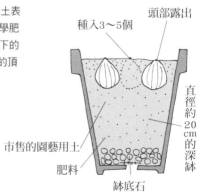

種入3～5個

頭部露出

直徑約20cm的深缽

市售的園藝用土

肥料

缽底石

日常照顧

土的表面較乾燥時，要添加足夠的水，千萬不可缺水。

如果是盆栽，12月底以前要放在屋外日照充足的地方，1月時搬進室內可以曬得到太陽的窗邊，很快就會開花了。

化學肥料

發芽後要在植株的基部補充化學肥料。

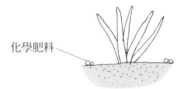

12月底以前放在屋外

球根的保存

花謝了以後將花莖剪掉。為使球根長得肥大，須在植株基部添加化學肥料。

剪掉

化學肥料

葉子發黃後，將土表以上的部分切掉，挖出球根予以乾燥。完全乾燥後放入網子，保存在陰涼處。如果是種在花壇裡，可以不挖出球根，隔年還是會開花。

網子

315

鬱金香

栽培要訣

鬱金香是百合科秋植球根植物。適合種植在日照充足、通風良好的地方。如果在花壇裡將各種顏色的鬱金香交錯種植，看上去十分熱鬧華麗。

栽植

種在花壇裡，須在植入前10～14天將土表30公分深的土翻鬆，並讓土壤吸收化學肥料和石灰，然後將球根埋入距土表10～12公分以下的地方。種在缽盆或栽培槽裡，球根的頂部剛好露出來即可。花壇裡最好每隔15公分以鋸齒狀種植，在直徑20公分左右的深缽裡，則每個缽種3個最恰當。種植完成後澆灌足夠的水分。

月分	1	2	3	4	5	6	7	8	9	10	11	12
種植												
開花												
保存												

＊秋季種植

如何取得

可直接到園藝店購買球根。宜選擇較大且沒有受傷的。品種很多，花的顏色、形狀、大小也都有所不同。

較大的

沒有受傷

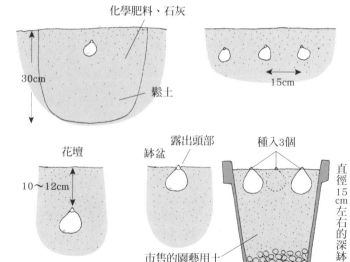

化學肥料、石灰

30cm

鬆土

15cm

花壇

10～12cm

缽盆

露出頭部

種入3個

市售的園藝用土

缽底石

直徑15cm左右的深缽

日常照顧

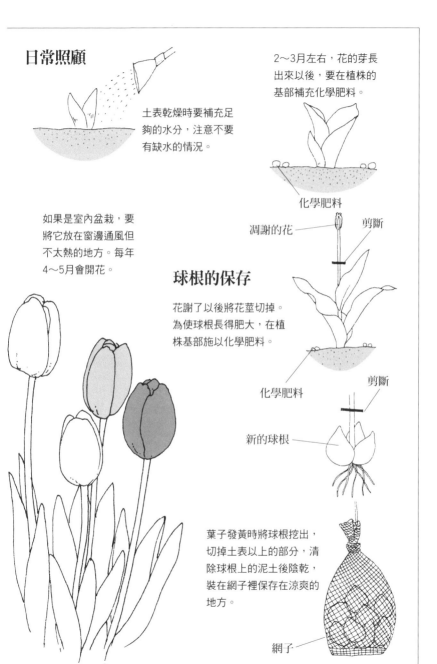

土表乾燥時要補充足夠的水分，注意不要有缺水的情況。

2～3月左右，花的芽長出來以後，要在植株的基部補充化學肥料。

化學肥料

如果是室內盆栽，要將它放在窗邊通風但不太熱的地方。每年4～5月會開花。

球根的保存

花謝了以後將花莖切掉。為使球根長得肥大，在植株基部施以化學肥料。

凋謝的花

剪斷

化學肥料

剪斷

新的球根

葉子發黃時將球根挖出，切掉土表以上的部分，清除球根上的泥土後陰乾，裝在網子裡保存在涼爽的地方。

網子

百合

栽培要訣

百合是百合科秋植球根植物。百合是靠著長在球根上部的根來吸收養分，因此無論是種在花壇或缽盆裡，都要種深一點。

月分	1	2	3	4	5	6	7	8	9	10	11	12
種植										■■	■■	
開花					■■	■■	■					
保存											■■	■

＊秋季種植

如何取得

可直接到園藝店購買球根。宜選擇鱗片打開但未脫落的。品種有許多，包括日本百合、鬼百合、鐵砲百合等。

鱗片沒有開的

栽植

種在花壇時，須在植入前10～14天將土表30公分深的土翻鬆，然後加入腐葉土及化學肥料。盆栽的缽盆要選用較深的。無論是種在花壇或缽盆，球根都須埋入距土表10～15公分以下的地方。

腐葉土、化學肥料　　鬆土

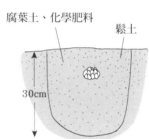

30cm

直徑20cm左右的深缽

市售的園藝用土

10～15cm

肥料

缽底石

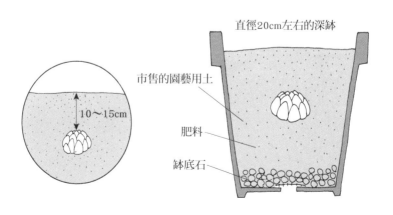

日常照顧

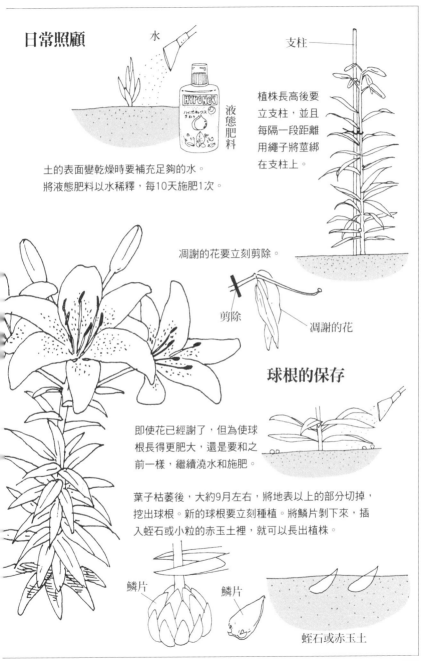

水

液態肥料

土的表面變乾燥時要補充足夠的水。
將液態肥料以水稀釋，每10天施肥1次。

支柱

植株長高後要
立支柱，並且
每隔一段距離
用繩子將莖綁
在支柱上。

凋謝的花要立刻剪除。

剪除

凋謝的花

球根的保存

即使花已經謝了，但為使球
根長得更肥大，還是要和之
前一樣，繼續澆水和施肥。

葉子枯萎後，大約9月左右，將地表以上的部分切掉，
挖出球根。新的球根要立刻種植。將鱗片剝下來，插
入蛭石或小粒的赤玉土裡，就可以長出植株。

鱗片

鱗片

蛭石或赤玉土

風信子（水栽）

栽培要訣

風信子是百合科秋植球根植物。用水栽就可以了，十分簡單。水栽的方式與番紅花、水仙相同。如果是栽培在土裡，則和番紅花相同。

月分	1	2	3	4	5	6	7	8	9	10	11	12
種植												
開花												
保存												

＊秋季種植

如何取得

可直接到園藝店購買球根。選擇芽和根沒有受傷、且較大較重的。

芽

沒有受傷

較重較大的

球根的放置

將球根放在適合的容器裡，讓水剛好浸到球根的底部。

球根底部剛好浸到水

容器

將球根連同容器一起放入紙箱，讓它長根。

紙箱

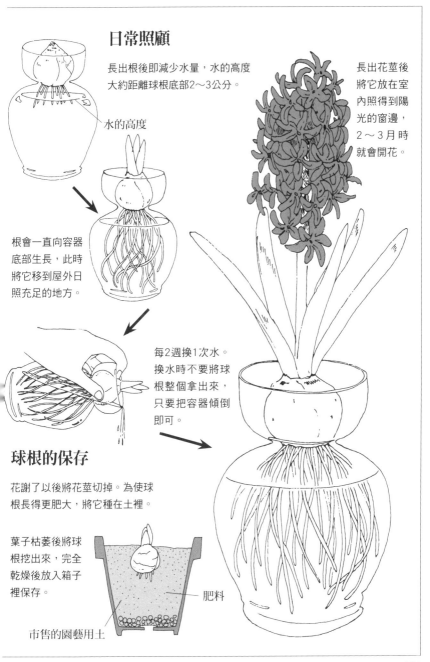

日常照顧

長出根後即減少水量，水的高度大約距離球根底部2～3公分。

水的高度

根會一直向容器底部生長，此時將它移到屋外日照充足的地方。

每2週換1次水。換水時不要將球根整個拿出來，只要把容器傾倒即可。

長出花莖後將它放在室內照得到陽光的窗邊，2～3月時就會開花。

球根的保存

花謝了以後將花莖切掉。為使球根長得更肥大，將它種在土裡。

葉子枯萎後將球根挖出來，完全乾燥後放入箱子裡保存。

肥料

市售的園藝用土

食蟲植物（豬籠草、捕蠅草）

豬籠草

栽培要訣

豬籠草是豬籠草科多年生草本植物。原產於熱帶地區，因此很適合種植在高溫、多溼的地方。不需要刻意餵食昆蟲。

移植

大約2年就需要移植。將老的水苔丟棄，過分生長的根剪除，再用新的水苔包住根部，整個放入缽盆中，空隙的地方再塞入水苔，然後加水。

用新的水苔包住

如何取得

可直接到園藝店購買盆栽。其中以一種雜交種的豬籠草最耐寒。

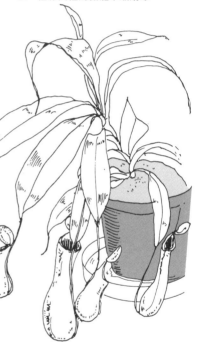

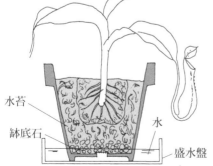

水苔

缽底石

水

盛水盤

日常照顧

在盛水盤裡注入水，將缽盆放入吸收水分。夏季將盆栽放在屋外陽光直射不到的地方，冬季則放在市售的小型溫室中，或是室內較溫暖的場所。

捕蠅草

栽培要訣

捕蠅草是茅膏菜科多年生草本植物。注意不要讓它缺水。

將舊土脫除

用新的水苔包住

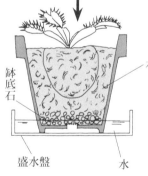

缽底石

水苔

盛水盤　　水

如何取得

可以直接到園藝店購買盆栽。買的時候如果是種在塑膠盆的,之後需要移植。

移植

將植株從塑膠襯盆中連同泥土一起取出,在水中將舊的土和水苔清除掉。用新的水苔包住根部後植入新盆,並澆灌足夠的水分。

日常照顧

在盛水盤裡注入水,將缽盆放入吸收水分。春季到秋季將盆栽放在屋外陽光充足的地方,冬季則移回室內,同樣放在陽光充足的地方。

螃蟹蘭

栽培要訣

螃蟹蘭是仙人掌科多年生草本植物。大約在聖誕節左右開花。
避免日光直射，水量也要控制得宜。

如何取得

每年10～11月到處都可見螃蟹蘭
的盆栽，可以選購已經開了少量
花朵的比較好培育。

開少許的花

日常照顧

可將盆栽放在窗邊陽光透過紗簾照進來的
地方。對多變的環境抵抗力很差，所以一
旦放定了就不要隨便搬移。

花朵陸續開放的過程中，土的表面有點
乾就補充少許水分。花謝了以後每週澆
水1次即可，保持些微乾燥。

移植

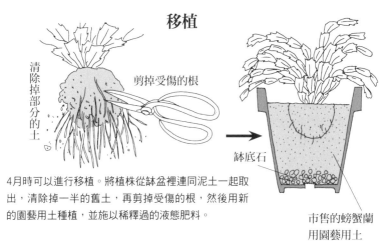

清除掉部分的土

剪掉受傷的根

缽底石

市售的螃蟹蘭
用園藝用土

4月時可以進行移植。將植株從缽盆裡連同泥土一起取出，清除掉一半的舊土，再剪掉受傷的根，然後用新的園藝用土種植，並施以稀釋過的液態肥料。

用芽扦插增生

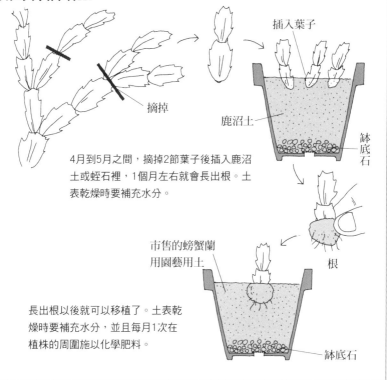

插入葉子

摘掉

鹿沼土

缽底石

4月到5月之間，摘掉2節葉子後插入鹿沼土或蛭石裡，1個月左右就會長出根。土表乾燥時要補充水分。

市售的螃蟹蘭
用園藝用土

根

長出根以後就可以移植了。土表乾燥時要補充水分，並且每月1次在植株的周圍施以化學肥料。

缽底石

讓切花維持更長時間的祕訣

　　花壇裡開出美麗的花朵，任誰看了都會心曠神怡，但有時我們也希望能將生氣盎然的切花插在花器裡，或是設計成花束送給別人當作禮物。

　　切花的時候，切得好或不好與剪刀的使用有很大的關係。如果只是將花莖隨便一剪就插在瓶子裡，往往無法維持很久，因為切口處用來吸水的組織裡有空氣進入，會阻礙水分的吸收。

　　正確的方法是將切花浸在水中，從花莖末端3～4公分處以剪刀剪斷。另外一個技巧是，為了使切口與水的接觸面積增大，會將花莖斜切。其他像是莖部較脆的菊科植物，可以在水中直接折斷。此外，如果慢慢不新鮮了，可以將莖的最末端5公分燒到呈現黑色即可。

　　當然，市面上也有可讓切花維持更長時間的藥品，不妨到鮮花店或園藝店洽詢。

蔬菜・香藥草
的
培育

草莓

栽培要訣

草莓是薔薇科多年生草本植物。喜好日照充足、溼潤的土地。從植株基部長出的匍匐莖上附有根的子株,如果在春天種植,隔年春天就會結出果實。

＊春季種植

如何取得

初春時可到園藝店購買種在塑膠襯盆裡的幼苗。與其選擇植株較大的,不如選擇花苞多且葉子健康有光澤的。

葉子健康的

栽植

在栽培槽裡放入園藝用土,將幼苗從塑膠襯盆中取出後淺淺種在土中,然後施以液態肥料。土的表面乾燥時要補充水分,每週用液態肥料施肥1次。

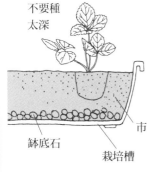

不要種太深

缽底石

栽培槽

市售的園藝用土

液態肥料

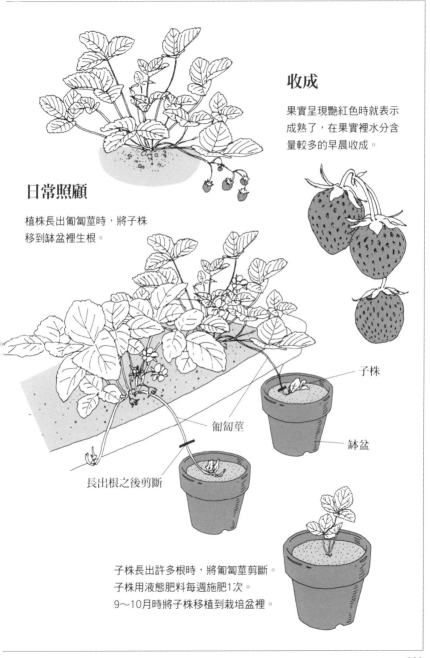

收成

果實呈現艷紅色時就表示成熟了，在果實裡水分含量較多的早晨收成。

日常照顧

植株長出匍匐莖時，將子株移到缽盆裡生根。

子株

匍匐莖

缽盆

長出根之後剪斷

子株長出許多根時，將匍匐莖剪斷。
子株用液態肥料每週施肥1次。
9～10月時將子株移植到栽培盆裡。

毛豆

栽培要訣

毛豆是豆科一年生草本植物。注意不要讓土乾燥。種植在日照充足的地方較佳。

月分	1	2	3	4	5	6	7	8	9	10	11	12
播種				■	■							
收成								■				

＊春季播種

如何取得

可直接到園藝店購買種子。豆莢裡剛剛長出來的就是毛豆，可以從種子的膨大程度確認。

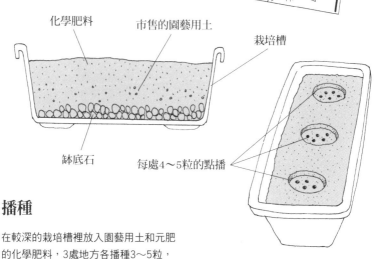

化學肥料　　市售的園藝用土

栽培槽

缽底石　　每處4～5粒的點播

播種

在較深的栽培槽裡放入園藝用土和元肥的化學肥料，3處地方各播種3～5粒，並澆灌足夠的水分。

330

日常照顧

種子發芽、本葉展開後，以每處留下2株，其餘從植株基部剪除的方式予以疏苗。

剪刀

水

HYPONeX
ハイポネックス
グロウ

液態肥料

土的表面乾燥時要補充水分。
以水稀釋液態肥料，每週施肥1次。

植株的基部要經常培土。

收成

當長出種子、豆莢膨脹變大時，立刻收成就是毛豆。如果放置不管，直到豆莢變黃，所收成的就是大豆。

331

黃瓜

栽培要訣

黃瓜是瓜科蔓藤性一年生草本植物。如果有較大的缽盆，可以放在陽台上栽培。成長過程中需要立支柱、整理繁茂雜亂的葉子，並使通風良好。

月分	1	2	3	4	5	6	7	8	9	10	11	12
種植				▬	▬							
收成						▬	▬	▬				

＊春季種植

如何取得

可直接到園藝店購買幼苗。向上攀沿生長的品種很適合在陽台上栽培。購買幼苗時宜選擇本葉長出5～6片、莖較粗、節間較密的。

節間較密的

本葉5～6片

莖較粗的

高1.5m的支柱

綁住

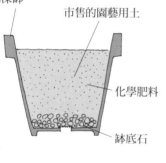

直徑約30cm的深缽

市售的園藝用土

化學肥料

缽底石

栽植

在直徑30公分左右的深缽中放入園藝用土和元肥的化學肥料。植株種植完成後豎立支柱，並將蔓莖輕輕捲繞在上面，澆灌足夠的水分。隨著蔓莖日漸成長，用繩子將莖綁在支柱上，以免傾倒。

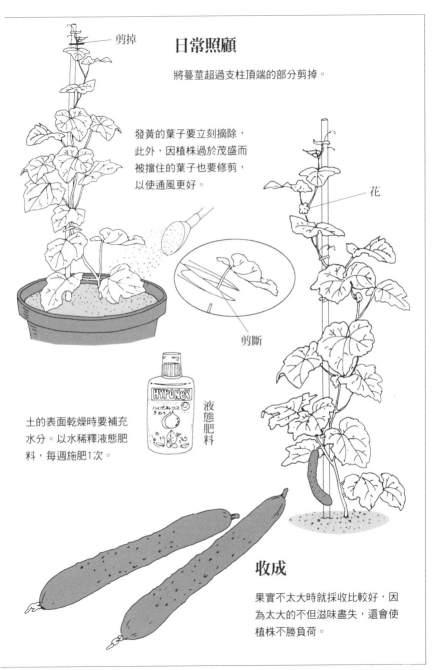

剪掉

日常照顧

將蔓莖超過支柱頂端的部分剪掉。

發黃的葉子要立刻摘除，此外，因植株過於茂盛而被擋住的葉子也要修剪，以使通風更好。

花

剪斷

HYPONeX
液態肥料

土的表面乾燥時要補充水分。以水稀釋液態肥料，每週施肥1次。

收成

果實不太大時就採收比較好，因為太大的不但滋味盡失，還會使植株不勝負荷。

西瓜

栽培要訣

西瓜是瓜科蔓藤性一年生草本植物。
適合種植在日照充足、排水良好的地方。

月分	1	2	3	4	5	6	7	8	9	10	11	12
種植					▬							
收成								▬				

＊春季種植

如何取得

可直接到園藝店購買接枝苗。
選擇本葉4～5片、莖較粗的。

本葉4～5片

莖較粗的

栽植

種植前要將30公分深的土翻鬆，
加入堆肥、腐葉土，並做出10公
分高的壟。種植後充分澆水。

接枝苗

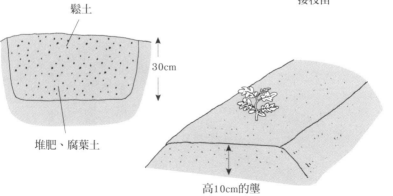

鬆土

30cm

堆肥、腐葉土

高10cm的壟

日常照顧

本葉長出6片後,剪掉第一代蔓莖,以使第二代蔓藤長出。從第二代蔓莖中選出長得最好的2根留下,其餘的剪除。此外,從第二代長出的第三代也剪除。每月1次在植株基部施以化學肥料的追肥。

剪斷

第一代蔓莖

開花後將雄花的花粉沾到雌花的花蕊上,使雌花受粉。一般受粉的時間,最好是在天氣良好的早上。

雄花

割下的草

雌花

結實以前,在植株周圍鋪上麥稈或割下的乾草。

收成

發育不良的果實就摘除丟棄,可使其他果實長得更大更好。開花後1個半月左右即可收成。

玉米

栽培要訣

玉米是禾本科一年生草本植物。若要結出大量的果實，種植時植株要較為密集，以提高受粉效率。

月分	1	2	3	4	5	6	7	8	9	10	11	12
播種				■■								
收成							■■					

*春季播種

如何取得

可直接到園藝店購買種子。

播種

在塑膠襯盆裡放入園藝用土，將3粒種子點播，再覆蓋上1.5公分厚的土。發芽後將發育最好的1株留下。

市售的園藝用土

缽底石

塑膠襯盆

3粒點播

本葉長出3片後進行換盆。

栽植

種植前要將30公分深的土翻鬆，加入堆肥、石灰、化學肥料。做出高10分分的壟，每隔30公分植入1株。

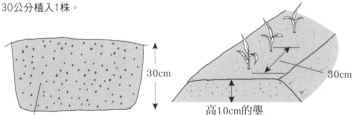

30cm

堆肥、化學肥料、石灰

30cm

高10cm的壟

日常照顧

每月在植株基部加化學肥料的追肥並進行培土。由於會不斷長高，因此要經常培土。

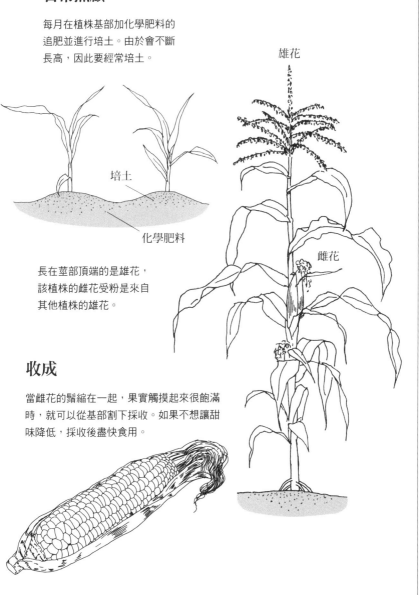

培土

化學肥料

雄花

雌花

長在莖部頂端的是雄花，該植株的雌花受粉是來自其他植株的雄花。

收成

當雌花的鬚縮在一起，果實觸摸起來很飽滿時，就可以從基部割下採收。如果不想讓甜味降低，採收後盡快食用。

番茄

栽培要訣

番茄是茄科多年生草本植物。如果有大型
的缽盆，可以在陽台上種植。生長過程中
要立柱，並摘掉側芽，以使果實結得更
大。迷你番茄的栽培方法也相同。

月分	1	2	3	4	5	6	7	8	9	10	11	12
種植				■								
收成							■	■	■			

＊春季種植

如何取得

可直接到園藝店購買幼苗。
選擇莖較粗、節間較密的。

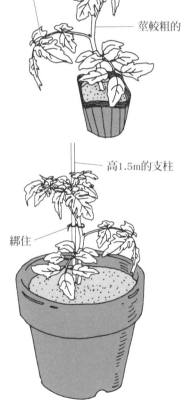

葉子伸展得很長

莖較粗的

高1.5m的支柱

綁住

栽植

在直徑30公分左右的深缽裡放入園藝用
土和元肥的化學肥料。種植完成後豎立
支柱，並用繩子輕輕將莖綁在支柱上，
澆灌充分的水。隨著莖的生長，要再增
加繩子的綁點，以免植株傾倒。

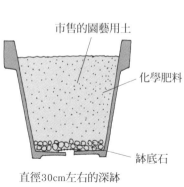

市售的園藝用土

化學肥料

缽底石

直徑30cm左右的深缽

剪斷

摘掉側芽

第3花房

第2花房

第1花房

日常照顧

番茄的花呈花房狀。當出現3個花房時，將最頂端2～3片葉子剪掉。此外，將從葉子基部長出的側芽全部摘除。

一個花房會有7～8朵花。花謝後果實會開始慢慢膨大，將發育較好的3～4個留下，其餘的摘除，可使結出來的果實更大更好。

剪斷

液態肥料

土變得乾燥時要補充水分。將液態肥料以水稀釋，每週施肥1次。

收成

將完全成熟、漸漸變成大紅色的果實依序採收。

茄子

栽培要訣

茄子是茄科多年生草本植物。非常容易栽培,並且有很長的收種期。適合種植在日照充足的地方。

如何取得

可直接到園藝店購買幼苗。選擇莖較粗、有葉子,並且葉子有光澤的。

月分	1	2	3	4	5	6	7	8	9	10	11	12
種植				■	■							
收成						■	■	■	■	■		

＊春季種植

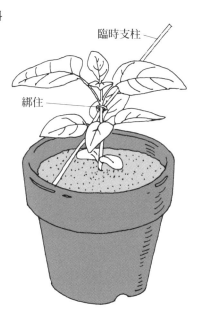

莖較粗的

葉子健康的

臨時支柱

綁住

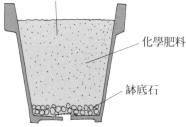

市售的園藝用土

化學肥料

鉢底石

直徑30cm左右的深鉢

栽植

在直徑30公分左右的深鉢裡放入園藝用土和元肥的化學肥料。種植完成後豎立臨時支柱,再用繩子將莖輕輕綁住,並澆灌足夠的水分。

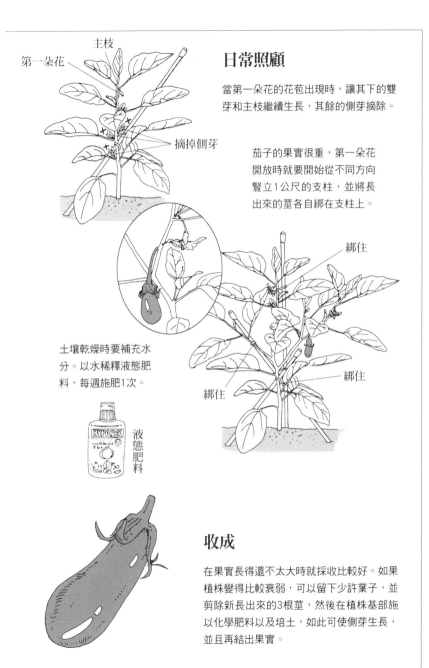

日常照顧

當第一朵花的花苞出現時，讓其下的雙芽和主枝繼續生長，其餘的側芽摘除。

茄子的果實很重，第一朵花開放時就要開始從不同方向豎立1公尺的支柱，並將長出來的莖各自綁在支柱上。

主枝

第一朵花

摘掉側芽

綁住

綁住

綁住

土壤乾燥時要補充水分。以水稀釋液態肥料，每週施肥1次。

液態肥料

收成

在果實長得還不太大時就採收比較好。如果植株變得比較衰弱，可以留下少許葉子，並剪除新長出來的3根莖，然後在植株基部施以化學肥料以及培土，如此可使側芽生長，並且再結出果實。

青椒

栽培要訣

青椒是茄科一年生草本植物。栽培時要特別注意土壤不可乾燥。青椒適合生長在日照充足的地方。獅子唐辛子也是用同樣的方法栽培。

月分	1	2	3	4	5	6	7	8	9	10	11	12
種植					■							
收成							■	■	■	■		

＊春季種植

如何取得

可直接到園藝店購買幼苗。選擇莖較粗、葉子有光澤的。

葉片有光澤

莖較粗的

市售的園藝用土

栽培槽

化學肥料

鉢底石

栽植

在栽培盆裡放入園藝用土和元肥的追肥肥料。種植前將植入的洞穴以水溼潤。完成後澆灌充足的水。

將換植的洞穴以水溼潤

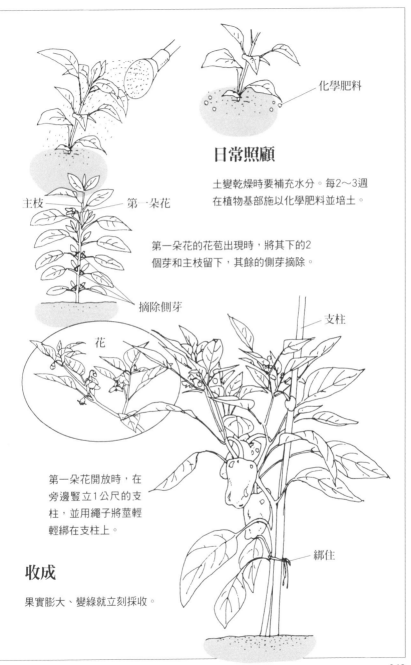

化學肥料

日常照顧

土變乾燥時要補充水分。每2～3週在植物基部施以化學肥料並培土。

主枝　　　第一朵花

第一朵花的花苞出現時，將其下的2個芽和主枝留下，其餘的側芽摘除。

摘除側芽

支柱

花

第一朵花開放時，在旁邊豎立1公尺的支柱，並用繩子將莖輕輕綁在支柱上。

綁住

收成

果實膨大、變綠就立刻採收。

343

番薯

栽培要訣

番薯是旋花科多年生草本植物。番薯不能直接以本身培育,而要以幼苗培育。喜好生長在日照充足的環境,夏天要注意不要給水不足。

月分	1	2	3	4	5	6	7	8	9	10	11	12
種植					■	■						
收成										■	■	

＊春季種植

如何取得

可直接到園藝店購買幼苗。選擇有7～8節、莖粗、葉大且厚的。

栽植

在直徑30公分左右的深缽中放入園藝用土和元肥的化學肥料,將幼苗後面5節種入土中,葉子則露出土表。

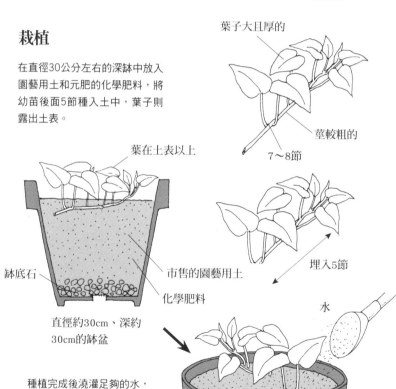

葉子大且厚的

莖較粗的

7～8節

埋入5節

水

葉在土表以上

缽底石

市售的園藝用土

化學肥料

直徑約30cm、深約30cm的缽盆

種植完成後澆灌足夠的水,放在陰涼處1天半以後再移到日照充足的地方。

剪掉

日常照顧

長出根以及5～6片新葉以後，將莖的最前端剪掉，可使側芽長出，葉子也茂盛。

水

草木灰

梅雨季之前，在植株的基部添加少許草木灰當作追肥。

土的表面乾燥時要補充水分。

收成

在尚未降霜前，切掉土表以上的部分，將缽盆反扣，整個倒出來，然後將泥土剝除，採收番薯。

345

馬鈴薯

栽培要訣

馬鈴薯是茄科多年生草本植物。我們日常食用的部分是它的地下塊莖。馬鈴薯不會長到地面上來，因此培土是很重要的。

如何取得

可直接到園藝店購買種塊，其中男爵馬鈴薯和瑪麗皇后馬鈴薯是較容易培育的品種。

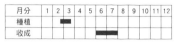

月分	1	2	3	4	5	6	7	8	9	10	11	12
種植		■	■									
收成						■	■					

* 春季種植

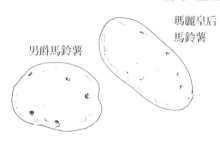

瑪麗皇后馬鈴薯

男爵馬鈴薯

栽植

將種塊剖成兩半，為了預防疾病，將切口充分乾燥或抹上草木灰。在直徑30公分左右的深缽中放入園藝用土和元肥的化學肥料。將半個馬鈴薯切口向下埋入距土表10公分的位置。因為之後需要培土，因此園藝用土的高度要低於缽盆邊緣10公分。種植完成後澆灌足夠的水分。

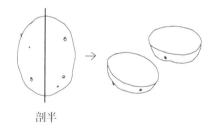

剖半

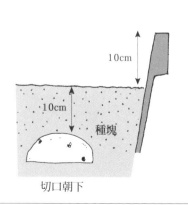

10cm

10cm

種塊

切口朝下

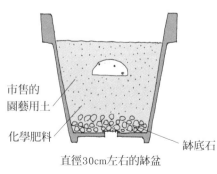

市售的園藝用土

化學肥料

缽底石

直徑30cm左右的缽盆

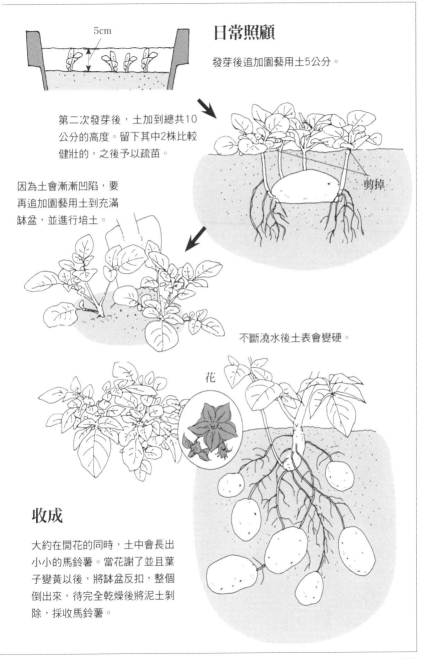

日常照顧

發芽後追加園藝用土5公分。

5cm

第二次發芽後，土加到總共10公分的高度。留下其中2株比較健壯的，之後予以疏苗。

剪掉

因為土會漸漸凹陷，要再追加園藝用土到充滿缽盆，並進行培土。

不斷澆水後土表會變硬。

花

收成

大約在開花的同時，土中會長出小小的馬鈴薯。當花謝了並且葉子變黃以後，將缽盆反扣，整個倒出來，待完全乾燥後將泥土剝除，採收馬鈴薯。

胡蘿蔔

栽培要訣

胡蘿蔔是繖形花科二年生草本植物。發芽率很低，但只要發了芽就很容易栽培。不耐酷暑，因此春、秋季播種較適宜。右表為秋季播種的例子。疏苗後留下發育較好的幼苗培育。

月分	1	2	3	4	5	6	7	8	9	10	11	12
播種								▬	▬			
收成										▬	▬	

＊秋季播種

如何取得

可直接到園藝店購買種子。如果是在栽培槽裡種植，可選擇姬蘿蔔或三吋蘿蔔等迷你蘿蔔品種。

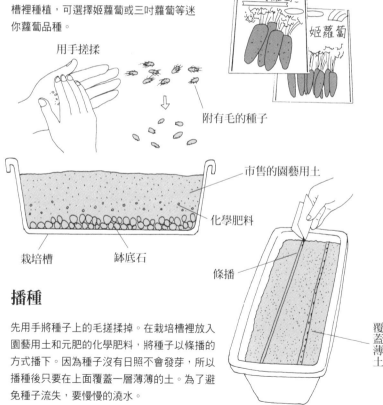

用手搓揉

附有毛的種子

市售的園藝用土

化學肥料

栽培槽　　　缽底石

條播

覆蓋薄薄土

播種

先用手將種子上的毛搓揉掉。在栽培槽裡放入園藝用土和元肥的化學肥料，將種子以條播的方式播下。因為種子沒有日照不會發芽，所以播種後只要在上面覆蓋一層薄薄的土。為了避免種子流失，要慢慢的澆水。

日常照顧

發芽後用剪刀疏苗，把發育較好的留下。第一次疏苗是在長出雙葉時，之後視苗生長的情況，最後達到植株的間隔為5公分左右。

剪刀

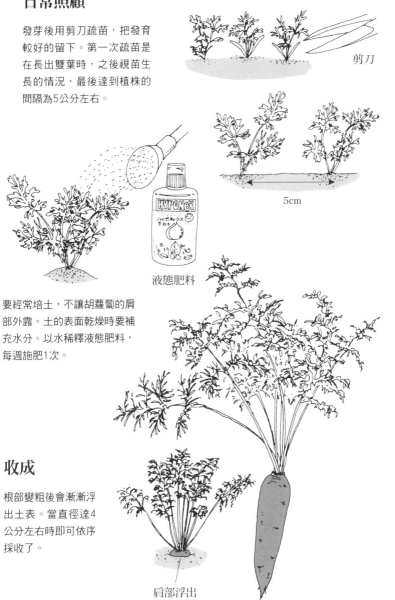

5cm

液態肥料

要經常培土，不讓胡蘿蔔的肩部外露。土的表面乾燥時要補充水分。以水稀釋液態肥料，每週施肥1次。

收成

根部變粗後會漸漸浮出土表。當直徑達4公分左右時即可依序採收了。

肩部浮出

櫻桃蘿蔔（二十日蘿蔔）

栽培要訣

櫻桃蘿蔔是十字花科一年生草本植物。從種子開始栽培，大約1個月就可以收成，且任何時間都可播種，是一種非常容易栽培的蔬菜。將不同品種混在一起種植，並錯開播種期，便隨時都可以收成，十分有樂趣。

如何取得

可直接到園藝店購買種子。根部有白、紅、黃等顏色，形狀也有圓形的、細長的。將幾種一起栽培更添樂趣。

播種

在栽培槽裡放入園藝用土和元肥的化學肥料，將種子以條播的方式播下。輕輕覆上一層薄土，為避免種子流失，要小心澆水。若將播種期錯開，可連續不斷的收成。

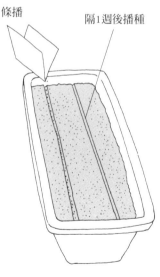

條播

隔1週後播種

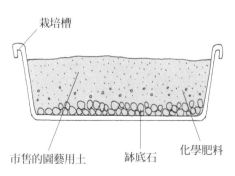

栽培槽

市售的園藝用土　　缽底石　　化學肥料

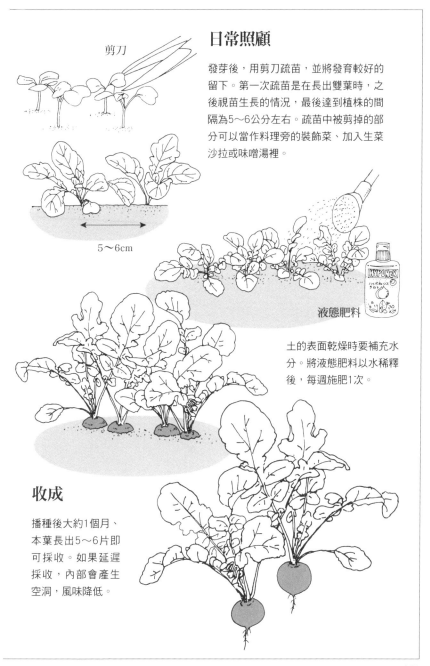

日常照顧

剪刀

發芽後，用剪刀疏苗，並將發育較好的留下。第一次疏苗是在長出雙葉時，之後視苗生長的情況，最後達到植株的間隔為5～6公分左右。疏苗中被剪掉的部分可以當作料理旁的裝飾菜、加入生菜沙拉或味噌湯裡。

5～6cm

液態肥料

土的表面乾燥時要補充水分。將液態肥料以水稀釋後，每週施肥1次。

收成

播種後大約1個月、本葉長出5～6片即可採收。如果延遲採收，內部會產生空洞，風味降低。

蘿蔔嬰

栽培要訣

蘿蔔嬰是蘿蔔的新芽，屬十字花科一年生草本植物。含大量礦物質和維生素C。全年都可以輕鬆的栽培，1週左右即可收成。祕訣是播種時種子要密集而不重疊。

如何取得

可直接到園藝店購買種子。

播種

將紙巾依容器底部的大小摺疊幾層後鋪滿。

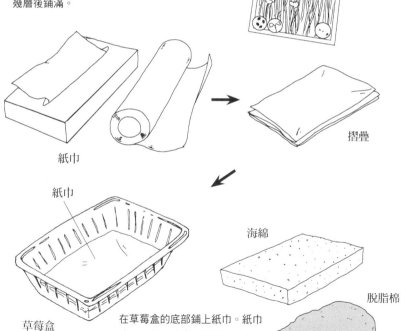

紙巾

摺疊

紙巾

草莓盒

在草莓盒的底部鋪上紙巾。紙巾也可以用海綿或脫脂棉取代。

海綿

脫脂棉

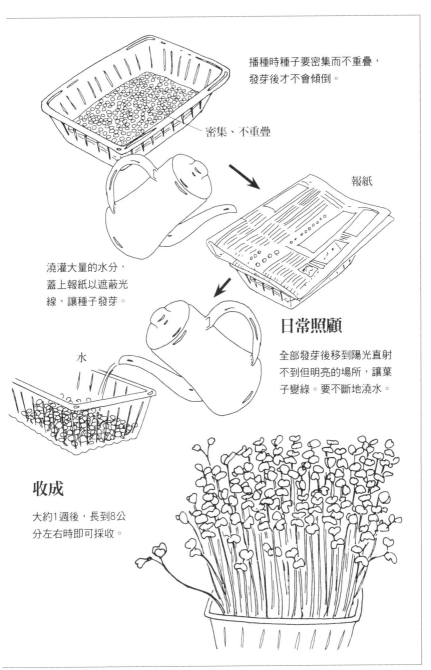

播種時種子要密集而不重疊，
發芽後才不會傾倒。

密集、不重疊

報紙

澆灌大量的水分，
蓋上報紙以遮蔽光
線，讓種子發芽。

水

日常照顧

全部發芽後移到陽光直射
不到但明亮的場所，讓葉
子變綠。要不斷地澆水。

收成

大約1週後，長到8公
分左右時即可採收。

菠菜

栽培要訣

菠菜是藜科二年生草本植物。不耐乾熱,但十分抗寒,較適合入秋後播種。需要疏苗,以使植株長得茂盛。

＊秋季播種

如何取得

可直接到園藝店購買種子。

播種

將種子泡在水中一晚,充分吸水後播種。在深度足夠的栽培槽裡放入園藝用土和化學肥料,條播後覆土,澆灌適量的水分。

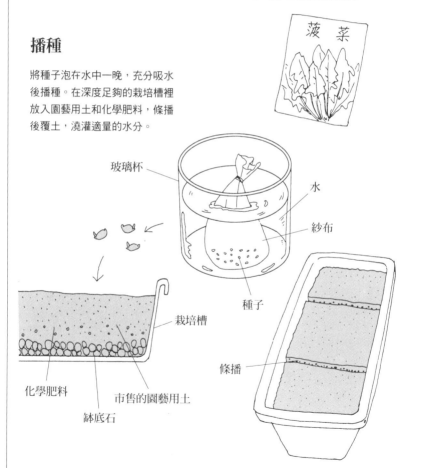

玻璃杯

水

紗布

種子

菠菜

栽培槽

條播

化學肥料

市售的園藝用土

缽底石

354

本葉2片

鑷子

日常照顧

發芽並長出2片本葉後，疏苗為間隔3公分。

本葉4～5片

長出4～5片本葉後，第二次疏苗，使植株與植株距離5～6公分。

5～6cm

水

液態肥料

土的表面乾燥時要補充水分。將液態肥料以水稀釋，每週施肥1次。

收成

本葉長出7～8片時即可收成，從土下一小段距離的根部切斷。

本葉7～8片

切斷

洋蔥

栽培要訣

洋蔥是百合科多年生草本植物。從種子開始培育非常困難，一般都是購買幼苗種植。

月分	1	2	3	4	5	6	7	8	9	10	11	12
種植										▬		
收成					▬							

＊秋季種植

如何取得

10月左右到園藝店購買幼苗。選擇莖部粗細1公分左右的。

莖粗約1cm

栽植

在栽培槽裡放入園藝用土和元肥的化學肥料，像插秧一樣將幼苗插入土中。株與株距離10～15公分。種植完成後澆灌適量的水分。

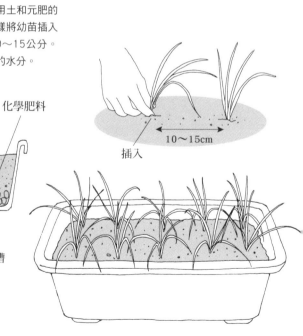

化學肥料

市售的園藝用土

10～15cm

插入

缽底石

栽培槽

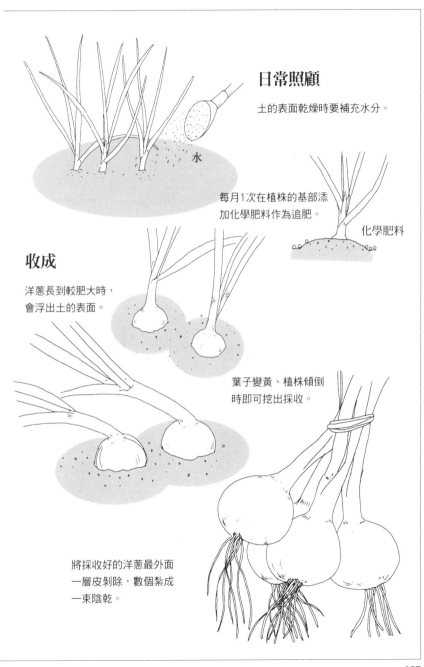

日常照顧

土的表面乾燥時要補充水分。

水

每月1次在植株的基部添加化學肥料作為追肥。

化學肥料

收成

洋蔥長到較肥大時，會浮出土的表面。

葉子變黃、植株傾倒時即可挖出採收。

將採收好的洋蔥最外面一層皮剝除，數個紮成一束陰乾。

蕪菁

栽培要訣

蕪菁是十字花科一年生草本植物。從播種到收成只要短短40天，十分容易種植，幾乎整年都可栽培，沒有特殊時間限制，右表是以秋天播種為例。需要藉著疏苗留下發育較好的幼苗。

月分	1	2	3	4	5	6	7	8	9	10	11	12
播種								▬	▬			
收成										▬	▬	

* 秋季播種

如何取得

可直接到園藝店購買種子。如果準備種在栽培槽裡，可選擇較小的蕪菁品種。

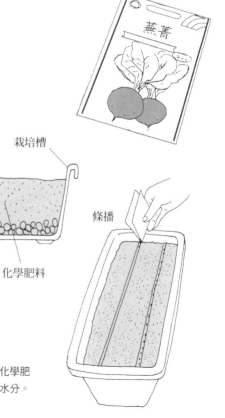

栽培槽

缽底石

市售的園藝用土

化學肥料

條播

播種

在栽培槽裡放入園藝用土和元肥的化學肥料，以條播法播種，並澆灌充足的水分。

358

日常照顧

發芽後用剪刀疏苗，把發育較好的留下。第一次疏苗是在長出雙葉時，之後視苗生長的情況，最後達到植株的間隔為10公分左右。

剪刀

土的表面乾燥時要補充水分。疏苗過後立刻施給用水稀釋過的液態肥料。要在植株基部培土，以支撐根部。

液態肥料

10cm

浮出土表

收成

當根部越長越大時，會從土裡浮出來。長到直徑4～5公分即可採收，如果延遲採收，內部會有空洞，外表也會裂開。

水耕栽培 (西洋菜、生菜、萵苣等)

栽培要訣

水耕栽培是指植物不種在土裡，而是在容器裡以液態肥料栽植。西洋菜（又稱水田芥、西洋水芹）、生菜、春菊、萵苣等都可以用水耕栽培。

從幼苗培育的方法

將園藝店買來的幼苗根部剪斷。

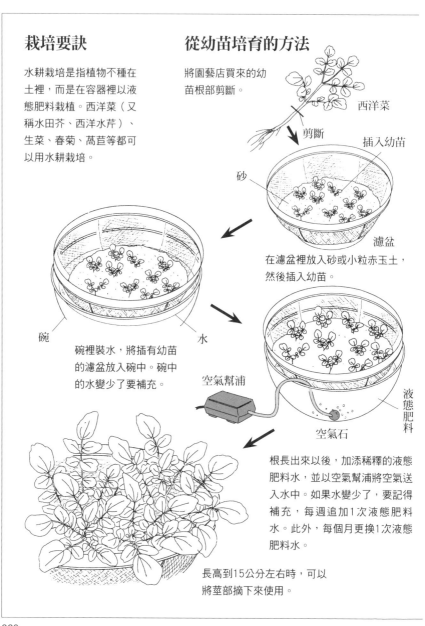

西洋菜

剪斷

插入幼苗

砂

濾盆

在濾盆裡放入砂或小粒赤玉土，然後插入幼苗。

碗　　　　水

碗裡裝水，將插有幼苗的濾盆放入碗中。碗中的水變少了要補充。

空氣幫浦

液態肥料

空氣石

根長出來以後，加添稀釋的液態肥料水，並以空氣幫浦將空氣送入水中。如果水變少了，要記得補充，每週追加1次液態肥料水。此外，每個月更換1次液態肥料水。

長高到15公分左右時，可以將莖部摘下來使用。

從種子培育的方法

在濾盆裡放入砂或小粒赤玉土，
然後放入裝了水的碗裡。

濾盆

砂

碗

水

撒播

在吸飽水分的砂裡以
撒播的方式播種。

發芽後將植株擁擠的
地方予以疏苗。水減
少了就要補充。

空氣幫浦

空氣石

液態肥料

當根從濾盆底下長出來時，將它浸在
以水稀釋過的液態肥料裡，並用空氣
幫浦將空氣送入水中。水變少了就要
加水，並且每週追加1次液態肥料。
此外，每個月更換1次液態肥料水。

如果種的是生菜，大約在本葉長出10片
左右時，即可從下方依序摘取使用。

荷蘭芹

栽培要訣

荷蘭芹是繖形花科多年生草本植物。含大量維生素和鈣。較適合播種的時間是5月左右，但如果在室內栽培，則沒有時間限定。收成期可以延續很長時間，但要注意肥料不可間斷。

如何取得

可直接到園藝店購買種子。如果想要更為簡便，可改買種在塑膠襯盆裡的幼苗。

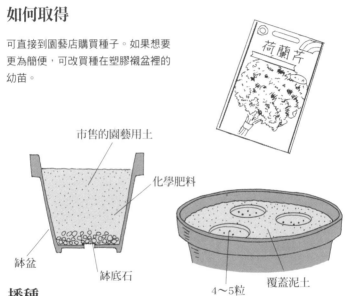

市售的園藝用土

化學肥料

缽盆

缽底石

4～5粒

覆蓋泥土

播種

在缽盆裡放入園藝用土和元肥的化學肥料，以每處4～5粒的方式點播。播種後覆蓋一層薄薄的土，然後澆灌適量的水分。

發芽後施予液態肥料。

液態肥料

日常照顧

剪刀

本葉長出2～4片後只留下2株，其餘的剪掉疏苗。

土的表面乾燥時要補充水分。以水稀釋液態肥料，每週施肥1次。

液態肥料

收成

本葉長出10片左右時，可以開始從下方依序摘採葉子。要注意的是，如果不即時採收，植株很快會枯萎。下方的葉子摘掉後要進行培土。

從下方採收的葉子

豆芽

栽培要訣

一般所指的豆芽大都是由綠豆或黃豆發成的，但其實苜蓿、蕎麥的種子也都可以用來發芽。豆芽全年都可以栽培，並且在短短1週即可收成。

如何取得

可直接到園藝店購買可以發芽的種子。

播種

種子用水清洗後，在水中泡1晚就可發芽。

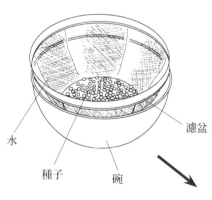

水

種子　　碗

濾盆

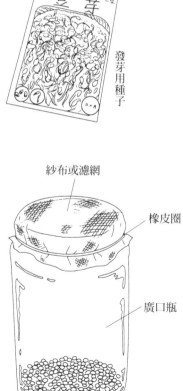

發芽用種子

紗布或濾網

橡皮圈

廣口瓶

在洗淨的廣口瓶裡放入豆子，以橡皮圈將紗布或較細密的濾網箍在瓶口當做蓋子。

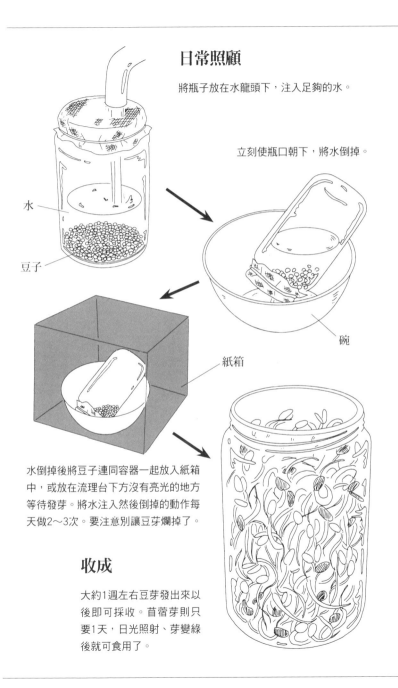

日常照顧

將瓶子放在水龍頭下，注入足夠的水。

水

豆子

立刻使瓶口朝下，將水倒掉。

碗

紙箱

水倒掉後將豆子連同容器一起放入紙箱中，或放在流理台下方沒有亮光的地方等待發芽。將水注入然後倒掉的動作每天做2～3次。要注意別讓豆芽爛掉了。

收成

大約1週左右豆芽發出來以後即可採收。苜蓿芽則只要1天，日光照射、芽變綠後就可食用了。

洋甘菊

栽培要訣

洋甘菊是菊科一年生草本植物。花經常被用來製作花草茶。適合春季或秋季播種。喜好生長在排水良好、日照充足的地方。

月分	1	2	3	4	5	6	7	8	9	10	11	12
播種									■	■		
開花				■	■	■	■					

如何取得 ＊秋季播種

可直接到園藝店購買種子或幼苗。以買幼苗種植較為省事。

German chamomile

播種

播種前將缽盆放入較大的盛水容器中，讓盆裡的土壤充分吸水。

缽盆

播種用土　　缽底石　　水

將所有的種子撒播在缽盆裡，因為種子很細小，注意一次不要使用過多。

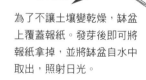

報紙

為了不讓土壤變乾燥，缽盆上覆蓋報紙。發芽後即可將報紙拿掉，並將缽盆自水中取出，照射日光。

鑷子

經常以噴筒補充水分。如果本葉長出許多，將發育較好的留下，其餘的用鑷子予以疏苗。

栽植

本葉長出4～6片左右時，植入較大的缽盆或栽培槽去。土的表面較乾燥時要補充水分。如果直接購買幼苗，就從以下的步驟開始。

肥料

缽底石

園藝用土

日常照顧

將液態肥料以水稀釋，每2週施肥1次。

液態肥料

如果植株生長太過茂盛，從下方剪除，以提高通風。

收成

秋季播種，第二年春季到夏季就會陸續開花。只要採收花的部分。

花朵乾燥後放入容器裡，保存在冰箱裡。可以用來泡花茶。

鼠尾草

栽培要訣

鼠尾草是唇形花科多年生草本植物。嫩葉及莖經常被用於燜煮料理或加入漢堡、香腸裡。適合在春季或秋季播種。右表是以春季播種為例。喜好生長在排水良好、日照充足的地方。

月分	1	2	3	4	5	6	7	8	9	10	11	12
播種			■	■								
收成							■	■	■	■		

* 春季播種

如何取得

可直接到園藝店購買種子,也可以用扦插或接枝的方式增生。

播種

缽底石

市售的園藝用土

播種前讓土吸水。

將所有種子撒播。

篩子

將土過篩,輕輕覆蓋在種子上。

鑷子

經常以噴筒補充水分。如果本葉長出許多,將發育較好的留下,其餘的用鑷子予以疏苗。

栽植

本葉長出6～8片時，將每株分別種到不同的缽盆裡。土的表面乾燥時要補充水分。

日常照顧

在植株基部施加化學肥料，每月1次。

肥料

園藝用土

缽底石

化學肥料

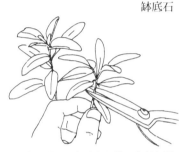

春季播種到隔年春季會開花。為使側芽能夠生長，將長出來的枝子摘掉。

將缽盆放在室內，冬天也會長出新的葉子。

收成

夏季到秋季，新葉長到5～20公分左右時便可採收。葉子可直接當作辛香料。此外，葉和莖風乾後，除了可作辛香料，還可製作乾燥花芳香劑和泡花草茶。

倒掛風乾

百里香

栽培要訣

百里香是唇形花科多年生草本植物。葉和花常被使用在肉類料理中，或是製作花草茶。適合春季或秋季播種。右表以春季播種為例。喜好生長在排水良好、日照充足的地方。

月分	1	2	3	4	5	6	7	8	9	10	11	12
播種												
開花						（2年目）						
收成												（2年目）

＊春季播種

如何取得

可直接到園藝店購買種子，也可以用扦插或接枝的方式增生。

播種

播種前將缽盆放入較大的盛水容器中，讓盆裡的土壤充分吸水。

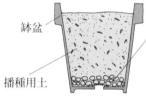

缽盆

播種用土

缽底石

水

較大的容器

將所有的種子撒播在缽盆裡，因為種子很細小，注意一次不要使用過多。

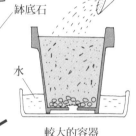

報紙

為了不讓土壤變乾燥，缽盆上覆蓋報紙。發芽後即可將報紙拿掉，並將缽盆自水中取出，照射日光。

經常以噴筒補充水分。如果本葉長出許多，將發育較好的留下，其餘的用鑷子予以疏苗。

栽植

本葉長出5～6片時，可植入較大的缽盆或栽培槽裡。如果是種在栽培槽，植株之間的距離大約是30公分。

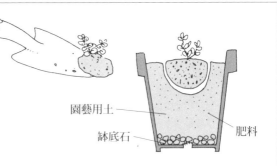

園藝用土

缽底石

肥料

日常照顧

土的表面乾燥時要補充水分。

化學肥料

在植株基部施加化學肥料，每月1次。

收成

將葉和莖切下，可直接作料理的辛香料。將植株基部留下10公分左右，用剪刀剪斷後陰乾。完全乾燥後將葉和花剝離，放入容器裡保存。乾燥的花和葉可用來製作乾燥花芳香劑和花草茶。

剪斷

吊掛風乾

將缽盆放在室內，冬天也會長出新的葉子。

薄荷

栽培要訣

薄荷是唇形花科多年生草本植物。葉子可以製作花草茶或是當作甜點的特殊口味。適合春季或秋季播種。右表以春季播種為例。夏季時要避免陽光直射,並且注意不可缺水。

月分	1	2	3	4	5	6	7	8	9	10	11	12
播種												
收成												(2年目)

＊春季播種

如何取得

可直接到園藝店購買種子,也可以植株分出來的枝葉扦插增生。

播種

園藝用土

缽盆

缽底石

水

播種前將缽盆浸在水盤裡,讓園藝用土吸水。

新聞紙

將所有的種子撒播在缽盆裡。

為了不讓土壤變乾燥,缽盆上覆蓋報紙。發芽後即可將報紙拿掉,並將缽盆自水中取出,照射日光。

鑷子

本葉長出來後,就會發出薄荷的氣味了。
將發育較好的留下,其餘的用鑷子予以疏苗。

372

栽植

本葉長出5～6片時，可植入到較大的缽盆或栽培槽裡。如果是種在栽培槽，植株之間的距離大約是30公分。土的表面乾燥時要補充水分，夏季要將缽盆放在陽光直射不到的地方。

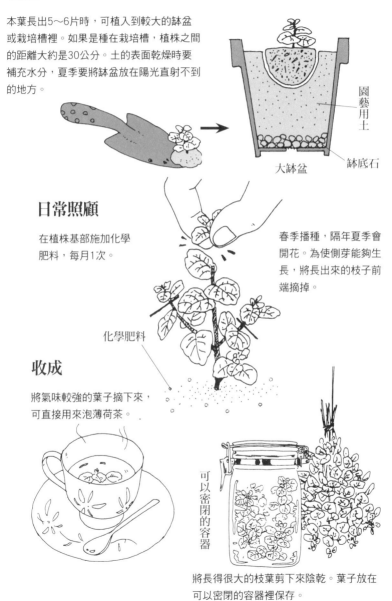

園藝用土

大缽盆

缽底石

日常照顧

在植株基部施加化學肥料，每月1次。

化學肥料

春季播種，隔年夏季會開花。為使側芽能夠生長，將長出來的枝子前端摘掉。

收成

將氣味較強的葉子摘下來，可直接用來泡薄荷茶。

可以密閉的容器

將長得很大的枝葉剪下來陰乾。葉子放在可以密閉的容器裡保存。

373

薰衣草

栽培要訣

薰衣草是唇形花科多年生草本植物。可以用來做乾燥花或花草茶。適合春天播種。不耐高溫高溼，須特別注意。

月分	1	2	3	4	5	6	7	8	9	10	11	12
播種				▬	▬	▬						
開花						▬	▬	(2年目)				

如何取得   ＊春季播種

直接到園藝店購買種子或幼苗。也可以用扦插的方式增生。

播種

鉢盆

播種用土　鉢底石

播種前讓土吸收水分。

將所有的種子撒播在鉢盆裡。

將土過篩，輕輕覆蓋在種子上。

篩子

鑷子

Lavender

經常以噴筒補充水分。如果本葉長出許多，將發育較好的留下，其餘的用鑷子予以疏苗。

374

栽植

本葉長出6～7片時,將每株分別種到不同的缽盆裡。土的表面乾燥時要補充水分。以水稀釋液態肥料,每2週施肥1次。

肥料

園藝用土

缽底石

以扦插增生

新芽

赤玉土

將新芽剪掉10公分左右,並將下方的葉子摘掉。

浸在水中剪掉末尾一段。

插在赤玉土裡,並給予適當的水分。長出根以後,可以換植到缽盆裡。

日常照顧

缽盆須放在通風良好又陰涼的地方。梅雨季時,要將它移到雨打不到的地方。夏季時放在窗簾後方,以避免陽光直射。

收成

第二年春天到初夏會開花。連莖帶花剪下來陰乾,可以製作乾燥花。如果只摘取花的部分,可做成乾燥花芳香劑。

種植香藥草樂無窮

　　種植香藥草不但擁有欣賞開花的樂趣，還可用來做花草茶、料理的辛香料、乾燥花芳香劑，以及洗花草浴。香藥草所散發出來的氣味令人心曠神怡，不妨栽植不同的種類，更添生活情趣。

	花（新鮮）	花（乾燥）	葉（新鮮）	葉（乾燥）
洋甘菊	花草茶	花草茶 花草浴		
鼠尾草	辛香料		辛香料 花草茶	乾燥花芳香劑 辛香料 花草茶
百里香	花草茶		辛香料	花草茶 辛香料
薄荷			花草茶 辛香料	乾燥花芳香劑 花草茶 花草浴
薰衣草		乾燥花芳香劑 花草茶 花草浴		

索引

國家圖書館出版品預行編目(CIP)資料

飼育栽培圖鑑：成為好主人的1000個技能/
有澤重雄文 ；月本佳代美繪 ；申文淑譯. -- 二版. --
新北市 ：遠足文化, 2018.09

譯自:飼育栽培図鑑：はじめて育てる・自分で育てる
ISBN 978-957-8630-62-8(平裝)
1.寵物飼養 2.植物 3.栽培

437.3   107011415

飼育栽培圖鑑 成為好主人的 **1000** 個技能

作者 | 有澤重雄　　繪者 | 月本佳代美　　譯者 | 申文淑　　出版總監 | 陳蕙慧　　行銷總監 | 李逸文　　編輯顧問 | 呂學正、傅新書　　執行編輯 | 林復　　責編 | 王凱林　　美術編輯 | 林敏煌　　封面設計 | 謝捲子　　社長 | 郭重興　　發行人兼出版總監 | 曾大福　　出版者 | 遠足文化事業股份有限公司　　地址 | 231新北市新店區民權路108-2號9樓　　電話 | (02)22181417　　傳眞 | (02)22188057　　電郵 | service@bookrep.com.tw　　郵撥帳號 | 19504465　　客服專線 | 0800221029　　網址 | http://www.bookrep.com.tw　　法律顧問 | 華洋法律事務所　蘇文生律師　　印製 | 成陽印刷股份有限公司　　電話 | （02）22651491

訂價　380元
ISBN　978-957-8630-62-8
二版一刷　西元2018年9月
©2009 Walkers Cultural Printed in Taiwan

ILLUSTRATED GUIDE TO RAISING ANIMALS AND PLANTS
Text© Shigeo Arisawa 2000
Illustrations© Kayomi Tsukimoto 2000
Originally published by Fukuinkan Shoten Publishers, Inc., Tokyo, Japan, in 2000
under the title of Shiiku Saibai Zukan ILLUSTRATED GUIDE TO RAISING ANIMALS AND PLANTS
The Complex Chinese language rights arranged with Fukuinkan Shoten Publishers, Inc., Tokyo.
All rights reserved.

栽培小創意

將土過篩

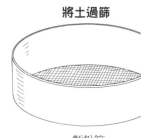

麵粉篩

翻鬆盆裡的土

叉子

移植

湯匙

育苗容器

草莓盒

杯麵容器

打洞

打洞

利用寶特瓶水栽

噴筒

廚房清潔噴霧容器

化妝品
噴霧容器